你所谓的极限，
不过是别人的起点

ni suoweide jixian,
buguo shi
bieren de qidian

宿文渊 ╱ 编著

吉林文史出版社
JILINWENSHICHUBANSHE

图书在版编目（CIP）数据

你所谓的极限，不过是别人的起点 / 宿文渊编著
. —— 长春 : 吉林文史出版社，2018.10（2019.8重印）
ISBN 978-7-5472-5485-1

Ⅰ. ①你… Ⅱ. ①宿… Ⅲ. ①成功心理－通俗读物
Ⅳ. ①B848.4-49

中国版本图书馆 CIP 数据核字（2018）第 225048 号

你所谓的极限，不过是别人的起点

出 版 人	孙建军
编　　著	宿文渊
责任编辑	陈春燕　赵　艺
封面设计	韩立强
图片提供	www.quanjing.com
出版发行	吉林文史出版社有限责任公司
地　　址	长春市人民大街4646号
网　　址	www.jlws.com.cn
印　　刷	天津海德伟业印务有限公司
开　　本	880mm×1230mm　　1/32
印　　张	6
字　　数	125千
版　　次	2018年10月第1版　2019年8月第2次印刷
定　　价	32.00元
书　　号	978-7-5472-5485-1

前言

"胜利往往就在再努力一下的坚持之中。"成功的人之所以看起来比别人聪明，也更幸运，就是因为他们比别人多努力了一点点。而就是这一点点，成就了日后他人无法超越的差距。在不可知的未来面前，我们一样犹疑彷徨，但不管将来会有多少艰难险阻，我们都千万别放弃那条让自己变得更好的路。趁着你还年轻，请不要那么容易就放过自己!

一个人要走过很多路，隐藏很多伤口，才能展示自己最有力量的一面；要做很多牺牲，忍下很多委屈，才明白昨日的经历是为了让今天的自己更坚强。这世上没有所谓的天才，也没有不劳而获的回报；你所看到的每个光鲜人物，其背后都付出了令人震惊的努力。所有洪荒之力的背后，都是生不如死的坚持。不要再说努力没用，努力一定会有结果。没有结果的付出，是因为你只是看起来很努力。你要明白，大家的天赋其实都差不多，你要做的，就是努力成为更好的自己。

你还有无限的未来可期待，别急着给自己的人生设限。很多看似不可能实现的成功，也许在未来的日子里不过是水到渠成的事；很多现在自怨自艾的失去，也许在未来的日子里，都会被你牢牢地攥在手心。坚持下去，成功不是奇迹，只是必然到来的结局。

1

这世上从来没有白费的努力，也没有碰巧的成功。你要相信，自己付出之后必有回报。因此，多努力一次，就多一次逼近成功的机会。所以说，生活不会辜负每一个努力的人，只不过有些回报正是你想要的，有些回报也许不符合你的初衷，却也会让你有一种"无心插柳柳成荫"的惊喜。

　　不认命，就拼命；拼了命，才能尽兴。只有拼命后，才能看到更多的风景，才能明白笑着流泪，远远强过哭着后悔。这一秒不放弃，下一刻才有希望；如果不努力，你连羡慕别人都感到惭愧。可以被暂时击溃，却不是永远倒下。你的人生应该疯过、爱过、恨过、闯过、拼过、努力过，即使只有1%的希望，也要付出100%的努力！无论正在经历什么，都请你不要轻言放弃。努力奋斗的你，终能把成长中的伤痕，活成耀眼的勋章。

目 录
CONTENTS

第五章　走好选择的路，别选择好走的路

第六章　决定你上限的不是能力，而是格局

第一章

你从未真正拼过，所以你的
人生从未真正打开

ni suowei de jixian,
buguo shi
bieren de qidian

待你全副武装，转身梦想就在身旁

宝藏就在眼前，许多人却视而不见，还一味地抱怨上苍的不公。不要把时间花在叹息、抱怨上，用你的慧眼去审视周围的一切吧，也许你会发现，宝藏原来就在身边。

有一位古董商路过一片树林，遇见一位樵夫正在那儿砍柴。樵夫边砍柴边抱怨说："我的命怎么这么苦，每天不得不辛苦地砍柴，我所有的财产就只有这把又旧又钝的斧头。老天啊!你对我真是太不公平了!"

古董商走累了，坐在树旁休息，樵夫手中的斧头引起了他的注意，因为那不是一把普通的斧头，那是前人留下的宝物。

古董商走上前去："年轻人，我出十两银子买你这把斧子。"

"别开玩笑了!"樵夫低着头，继续砍他的柴。

古董商想了想，又开口说："那一百两吧!"

樵夫呆住了，抬起头看了一下对方，心想，这怎么可能?于是他摇摇头，继续砍他的柴。

古董商为了表示自己的诚意，就将身上所有的钱全都掏了出来。

这时，樵夫忍不住放声大哭。古董商慌忙对樵夫说："你不卖，我不为难你，你又何必如此伤心呢?"

樵夫痛心地回答："我不是舍不得那把斧头，而是难过自己的无知——把在你心中值几百两的宝贝，我却当它一文不值，还终日抱怨!"

其实，在这个世界上，不只是樵夫不能发现身边的宝藏，很多人都是如此。在美国西北部蒙大拿州比鲁特山边的达比镇，人们好多年都习惯于仰望那座晶山。晶山之所以获得这个名称，是因为它被风雨侵蚀，暴露出一条凸出的狭窄的微微发光的晶体岩脊，看上去就有点儿像岩盐。

多少年来，没有一个人去弯下身子捡起一块发亮的石块，好好地把它研究一下。

直到1995年，达比镇举办了一场矿石展览会，康顿和汤普生这俩年轻人看到矿物展品中的绿玉标本上附着的卡片，得知绿玉可用于原子能工业。他们想到了晶山，想到了那发着绿光的晶体岩，想到了晶山上的矿物会有大用途，于是他们立刻在晶山上立柱，表示所有权。最终，经专家检验分析，认定晶山是极有价值的世界最大的铍的矿产地之一。

宝藏在眼前，许多人却视而不见，还一味地抱怨上苍的不公。不要把时间花在叹息、抱怨上，用你的慧眼去审视周围的一切吧，也许你会发现，宝藏原来就在身边。

一位年轻人，为了寻找钻石，变卖了自己的地产，到很远的地方寻找宝藏去了。而买下他地产的人，把骆驼牵到后院小河边喝水，骆驼凑到河边时，这人发现了一块闪光的东西，原来是颗钻石。

不久，卖房的那位青年空手而归，来到自己原来的住处，发现自己原来的地产上正在开掘钻石。

人们往往舍近求远，其实钻石就在你的脚边。要知道，只有身边的东西才是最现实的。远方的诱惑很美丽，近处的东西太无奇。然而，许多我们倾尽心力却无法得到的东西，恰恰藏匿在这些无奇之中。我们只有把目光移到脚底下，才会赫然发现那块闪着奇光的钻石。

成功，似乎遥不可及，但只要积极观察，生活总会给你回报。千万不要说"我没有机会来创造些什么"，创造的机会其实每天都从你脑中冒出来。许多生活中的事件蕴含着巨大的机遇，问题是许多人熟视无睹，不予探究。心存美好的向往，从身边的点滴中寻找生活的机遇，钻石就会在你眼前微笑。

最美好的，都在未来等你

一个人要想享受快乐人生，就要经受得住生活对你的考验。坚持自己的理想，幸福就是生活对你的奖赏。

有这么一个小孩儿，还在蹒跚学步的时候，他就对摄像机产生了浓厚的兴趣，会在摄像机前摆各种动作。4岁的时候，他就开始了自己的电影生涯，在多部电影和电视剧中担任主角。6岁的时候，他开始为电影写主题曲，并且亲自演唱了好几部电影中的歌曲。9岁的时候，这位天才般的童星，又向一个新的领域发起了挑战：导演自己写的剧本。随着影片的拍摄工作即将结束，刚刚过完10岁生日的基桑将成为世界上年纪最小的导演。

基桑出生于1996年1月6日。据他的父亲回忆说，还在学走路时，小基桑就对摄像机产生了浓厚的兴趣。基桑的电影生涯是从4岁正式开始的，当时很多朋友都建议他父母送他去试镜。很快，基桑就在一部冒险电影《村里的仙女》中出演一个角色。在那之后，他又在一部每天播出的班加罗尔肥皂剧《潘都爸爸》中出演主角。很快，"基桑大师"就成了当地电影院最著名的童星。6岁那年，基桑还为一部电影写了主题曲，结果广受欢迎。此外，他还负责演唱了好几部电影中的歌曲。

如今，"基桑大师"已经出演了24部电影以及1000多集著名电视剧。基桑表示，他最喜欢的演员是阿诺德·施瓦辛格和好莱坞大明星阿穆布·巴克强。

那么，是什么让基桑从一名演员转变为一名导演呢？基桑回忆说，有一次他在班加罗尔一条繁华街道上与一些卖报的孩子交谈。他问这些孩子为什么不去上学，一些孩子回答说自己是孤儿，另一些则告诉他，如果没有赚到钱回了家就会挨打。

这次经历让基桑深受感触，他据此写出了一个短篇小说。基桑回忆说："我希望他们能去上学，我希望我的电影能让他们鼓起上学的勇气。"

在当地一些记者的帮助下，基桑将自己的短篇小说改写成了一个剧本，讲述了一个渴望上学的班加罗尔孤儿的故事。基桑说："我以前一直在演电影，但我一直都对导演很感兴趣。我的朋友们在读了剧本以后，都建议我把它拍出来。"

虽然只有9岁，又是第一次担任导演，但"基桑大师"请到了好莱坞老牌影星杰凯·希洛夫和绍拉·苏卡拉，以及获得全国大奖的女演员莎拉。

杰凯·希洛夫回忆说，当基桑向他描述这部电影时，他被深深地感动了，于是决定出演其中的一个角色。希洛夫说："他实在太有天赋了，让我没法拒绝出演他的电影。他总在不停地思考下一个镜头，不停地尝试创新，希望拍得更好。虽然他才9岁，但他完全知道自己想要演员做什么。"

由于工作繁忙，在拍摄电影期间，基桑每个月只能上10天学。在其他时间，则由他的秘书负责每天为他整理课堂笔记，好让他能跟上老师的进度。

虽然缺了很多课，但基桑一点儿都不比其他孩子差。他的英语和卡纳达语(印度当地的一种语言)都说得很好。不仅如此，他还能听得懂北印度语和泰米尔语。

这部名为《C/O小路》的电影，预算为10万英镑，达到了当地电影一般的水平。基桑的爸爸说，有很多制作人都想为这部电影出资，但他们最终决定还是由自己来负担这些费用，因为"我们知道它肯定会一炮打响的"。

如今，"基桑大师"成功导演电影的梦想即将实现。同时，他还将被载入吉尼斯世界纪录，成为世界上年纪最小的电影导演。基桑说，自己很喜欢出名的感觉，唯一不喜欢的就是很多中年妇女老爱摸他的脸颊。

可见，当一个人明白他想要什么并且坚持自己的理想，那么整个世界都将为他让路。

一个人要想享受快乐人生，就要经受得住生活对你的考验。坚持自己的理想，幸福就是生活对你的奖赏。

别人没有想到的，正是你应该做的

如果你能拥有创新的头脑，即使你现在一无所有，在不远的将来，它必能带领你穿过无数艰难阻碍，到达幸福的彼岸。

两个虔诚的教徒在教堂做礼拜。两个人都是烟鬼，烟瘾犯了，两人都很想抽烟，但是又怕牧师说他们不诚心。

第一个实在憋不住了，就对牧师说："我在祈祷的时候可以抽烟吗？"

"当然不可以，这是对上帝的不尊敬。"牧师正色说道。

于是第二个人说道："亲爱的牧师，我可以在抽烟的时候祈祷吗？"

"哦，当然可以，你真是个虔诚的信徒。"牧师高兴地说。

于是第二个人美美地点上一根烟，抽了起来。

如果第二个人对牧师说："牧师，我烟瘾犯了，实在受不了了，你就让我抽一根烟吧。"那么，他肯定会被赶出教堂。但这个聪明的家伙并没有用普通的思维去提要求，而是运用了一种新的思维使牧师同意了他的要求，最终美美地抽上了烟。其实，生活中的任何事情都是这样，并不是只有天才才能进行创新，创新只在于找出新的改进方法。

1987年，美国的两个邮递员科尔曼和施洛特无意中看到一个小孩子拿着一种发亮光的荧光棒，便想，这家伙能派上什么用场呢？在胡思乱想中，两个人随手把棒棒糖放在荧光棒顶端。结果，光线穿过半透明的糖果，显现出一种奇幻的效果。这一小小的发现，让两人惊喜不已。他们为此申请了发光棒棒糖专利，还把这专利卖给了开普糖果公司。

奇迹由此开始。两个邮递员继续想：棒棒糖舔起来很费劲，能不能加上一个能自动旋转的小马达？由电池对它进行驱动，这样既省劲又好玩。这种想法很快被付诸实施。对他们来说，这种创造太简单了！旋转棒棒糖很快投入市场，并且获得了极大的成功。在最初的6年里，这种售价2.99美元的小商品一共卖出了6000

万个!科尔曼和施洛特得到了丰厚的回报。

更大的奇迹还在后面。开普糖果公司的负责人奥舍在一家超市内看到了电动牙刷，虽有许多品牌，但价格都高达50多美元，因此销售量很小。奥舍灵机一动：为什么不用旋转棒棒糖的技术，用5美元的成本来制造一只电动牙刷呢？

奥舍与科尔曼、施洛特着手进行技术移植，很快，美国市场上最畅销的旋转牙刷诞生了，它甚至要比传统牙刷还好卖。在2000年，三个人组建的小公司卖出了1000万把该种牙刷!这下，宝洁公司坐不住了。相比之下，它们的电动牙刷成本太高了，几乎没有市场竞争力。于是，经过讨价还价，2001年1月，宝洁收购了这家小公司，首付预付款1.65亿美元，三个创始人在未来的三年内留在宝洁公司。过了一年多，宝洁公司便提前结束与奥舍、科尔曼、施洛特三人的合同。因为宝洁公司发现电动牙刷太好卖了，远远超出了他们的预料。借助一家国际超市公司，它已在全球35个国家进行销售。按照这种趋势，宝洁在三年合同期满后付给奥舍三人的钱要远远超出预期。最后经过协商，合同提前中止，奥舍、科尔曼、施洛特一次性拿到了3.1亿美元，加上原来1.65亿美元的预付款，共4.75亿美元。这是一个令人头晕目眩的天文数字，如果用卡车去银行拉这么多现金，恐怕要费上相当一番工夫!

一个人，可以不去奢望那4.75亿美元，但不应该冷落技术创造、灵感创意这些成功的要素。有时候，一个小小的无意中冒出的创新念头，也许便会改变你的人生。

改变不了世界时，就改变自己

实践告诉我们，成功的人往往有良好的适应环境的能力和较强的心理适应能力。如果我们能向老鼠学习，像老鼠一样适应环境，那我们的人生道路将是多么广阔而光明啊。

印第安人向来以剽悍强壮闻名于世。印第安人的种族之所以能够剽悍强壮，与他们挑选下一代的方式有极大的关系，也就是流传于印第安人部落中的"土法优生学"。

据说，印第安人部落中，若是有婴儿出生，这个婴儿的父亲会立即将孩子携至高山上，选择一条水流湍急、水温冰冷的河流，将婴儿放在特制的摇篮当中，让婴儿及摇篮随着河水漂去。

同时，这个新生儿的父亲及族人们，则在河流的下游处等候，待放着婴儿的特制摇篮漂到下游时，他们会检视篮中的婴儿是否仍然活蹦乱跳。如果婴儿还活着，证明他的生命力坚强，具备成为他们族人的条件，便将之带回部落中妥善养育成人。

若是篮中的婴儿禁不起这般折腾，发生不幸，他们则将婴儿及摇篮放回河流当中，任其漂流而去，形同河葬。

经过如此严苛的挑选，能够幸存的印第安孩子，当然个个身强体壮、剽悍过人。

大自然的法则是"弱肉强食，适者生存"。印第安人的"土法优生"虽然残忍，但也是他们强化民族素质的一个手段。适应者生存，不适应者淘汰，这条定律是通用世界的天条。

老鼠是一种不太让人喜欢的小动物，在地球上出现和存在的历史已很悠久了，在地球上的分布比人类还广。很长一段时间以来，人们为了消灭它们，想出了种种办法。但是因为老鼠适应环境的能力特别强，现在科学家们认为，除了老鼠的天敌狐狸、猫头鹰能制住它们外，没有什么东西能彻底制住老鼠。

老鼠能适应各种恶劣环境，从炎热的赤道到酷寒的两极，都可见到这些小东西活跃的身影。甚至在原子弹爆炸的废墟上，最早出现的动物也是老鼠。1954年，美国在位于太平洋的比基尼岛试爆了世界第一颗氢弹以后，岛上受到严重的核污染，海面下的珊瑚礁也遭到了彻底毁灭，整个海岛一片死寂，寸草不生，动物似乎绝迹了。但是若干年之后，老鼠又在这个岛上出现了，它们体内的基因发生了变异，体形变得更加强壮、巨大，适应能力和繁殖能力也更强了。

在食物上，老鼠也表现出了特别强的适应能力。它们什么东西都吃——从五谷、蔬菜、植物根块，到肉类、皮骨，甚至人类的皮鞋、纽扣。饿极了的时候，它们还会用坚硬锋利的牙齿啃食木头、墙壁、橡胶及其他一些无机物。即使是毒如蛇蝎，它们也照吃不误。在世界上的许多地方，都发生过群鼠与毒蛇相斗，最后咬死毒蛇、吞食蛇肉的事情。

老鼠究竟具有什么样的神奇本领，使化学药物无效用，核爆炸也奈何不得？至今还没有人做出完整、科学的回答。

在恶劣的环境和聪明的人类面前，适应环境能力极强的老鼠看起来简直就是神奇的化身，有人甚至发出了"未来统治世界的霸主将非这些小精灵莫属"的感叹。难道我们不能从我们讨厌却值得我们好好反思的老鼠身上学到什么吗？

实践告诉我们，成功的人往往有良好的适应环境的能力和较强的心理适应能力。适应环境的能力决定着生物的生存质量。适者生存，不能适应的不是死亡就是被淘汰。适应环境已经不是一种选择的问题，而是关系生存的问题。如果我们能向老鼠学习，像老鼠一样适应环境，那我们的人生道路将是多么广阔而光明啊。

每一个当下的失去里，都隐藏着无限的可能性

在我们身边，许多偶然的事件之中蕴含着巨大的机遇，问题是许多人熟视无睹，不予探究。细心观察，发现机遇，你才能做出一番业绩。因此，当上天赐予你一个机会时，一定要好好把握住。

美国标准石油公司有一位叫阿基勃特的小职员。阿基勃特有一个习惯，就是在自己所有的信件和账单上，甚至出差住旅馆签名的时候都要在自己的签名下方写上"每桶四美元的标准石油"。

久而久之，所有人都知道了这件事，同事就戏称他为"每桶四美元的标准石油"，反而淡忘了他的姓名。一个偶然的机会，公司董事长洛克菲勒听说了这件事，非常惊讶。他说：这样时刻为公司利益着想的员工，我一定要见见他。

于是，洛克菲勒邀请阿基勃特与他共进晚餐。在进餐过程中，董事长问阿基勃特为什么这样做。阿基勃特回答说：既然这是公司的宣传口号，我就想利用一切能利用的机会，多写一点儿，让更多的人知道而已。

这样时刻为公司利益着想、积极为公司创造利益的人，能不得到老板的器重吗？在董事长洛克菲勒离任以后，阿基勃特就当了第二任董事长。

所以，不要老是抱怨没有好的机会降临在你身上，不要老想着会有兔子撞到你面前。成功的机会无处不在，关键在于你是否能紧紧地抓住。聪明的人能从一件小事中得到大启示，有所感悟，化成成功的机会；而愚笨的人即使机会放在他面前也茫然不知。机会无处不在，无时不有，每天都在出现，有时候它就在你身边，只不过你没有发觉罢了。

有一位波斯商人名叫阿里·哈菲德，原本他住在自己的农庄过着富裕而快乐的生活，但当他知道有钻石后，就发誓要走遍各地寻找钻石。

哈菲德把农庄卖掉后，把家人托付给邻居，拿上所有的钱，出发去寻找人人都想得到的宝藏。但游荡了数年一无所获。

他的钱已经花光了，不得不忍饥挨饿地回到家乡。买下他农庄的新庄主善良地接待了他。正当阿里·哈菲德坐在屋里吃饭时，突然看见园中水溪的白沙上有一道光芒闪过，他走过去捡起来一看，正是他千辛万苦要找的钻石！

这时，新庄主走了过来，说："像这样的石头，园子里还有很多。"他带着阿里·哈菲德又往前走了几步，用手指搅动白沙，露出了一颗颗更为精美的钻石。

举世闻名的哥尔卡达钻石矿就这样被发现了。假如阿里·哈菲德留在家中，在园子里挖一挖，而不是跑到异国他乡去圆发财梦，他早就成为世界巨富之一，因为他原来的农庄里到处都是珍贵的钻石。

所以，不要说什么"我没有机会"，创造的机会其实每天都会从你脑中冒出来。许多最伟大的创造都是因为思想能把常见的东西用不常见的方法想出来。

在我们身边，许多偶然的事件之中蕴含着巨大的机遇，问题是许多人熟视无睹，不予探究。细心观察，发现机遇，你才能做出一番业绩。因此，当上天赐予你一个机会时，一定要好好把握住了。

先定一个小目标，进一寸有进一寸的欢喜

机会无处不在，关键是看你有没有再迈出一步的勇气。如果没有了尝试的勇气，即使你条件再好，也只能与机遇擦肩而过。

一群小女孩儿在练习跳水。当所有的孩子都已勇敢地从三米跳台上跳下水时，只剩下一个小女孩儿没有跳。这个小女孩儿长得很漂亮，但是恐慌写在她的脸上。老师在旁边鼓励，周围的同学也在鼓励，但是她就是害怕，害怕得泪水已经流了出来。

"还有几分钟就要下课了。"老师似乎已经对这个小女孩儿失去了耐心，有些不满地说。小女孩儿听了，腿抖得更厉害了，但是她艰难地退了一小步，又前进了一大步，往池子里看了看——三米的高度。突然，周围的人看见她闭着眼睛跳了下去，水花溅得很高，但掌声响了起来。

"安格拉，我们都为你自豪，你是怎样战胜自己的胆怯的？"旁边一个叫米吉娜的伙伴问她。这个叫安格拉的12岁的小女孩儿已经抹干了泪水，穿上了衣服。她用还有点儿发颤的声音慢慢地说："我突然想起了爸爸说过的一句话，他说在困难的时候闭着眼睛也要往前迈一步。"

安格拉的爸爸是当地一位有名的神学院院长。他对她的要求很严，希望她能在同龄人中出类拔萃。她从没有忘记父亲对她的教诲，在各个方面都很刻苦，即使是在最差的体育方面，她也做到了坚持。

因为这样一个信念，安格拉在学业上进步很快，尤其是在科学方面显露出不同凡响的能力与才华，她两次参加当时华约国家奥林匹克数学竞赛。她的数学老师曾这样评价："我从来没有在数学班上见过她这样的女孩子。她真的很少见——逻辑性强、分析能力强，注意力非常集中。"32岁时，安格拉获得了物理学博士学位。

与此同时，这个平时除了学习成绩一路领先，生活中却显得有些保守和灰不溜秋的年轻人，开始了她出色的另一面——她表现出了对政治的极端关心与关注，以及由此所延伸出的属于她的政治辉煌。

她就是安格拉·默克尔——德国历史上第一位女性总理，最年轻的总理，一个长期被人忽略的、被很多人称为"小灰老鼠"的女政治家。当有记者问她为何能坚持到最后并取得胜利时，默克尔笑了，她说，她突然就想起了孩提时的那次跳水，那个胆怯的小女孩儿终于鼓足勇气往前迈了一步！"我要好好地感谢我的父亲，因为他在我面对困难的时候总会重复这样一句话:当你在烦恼事情没有什么进展时，请不要停下你也许发抖的双脚，请你再往前迈一步，只要一步！"

这一天，偏僻的小山村突然开进了一辆汽车，这可是件新鲜事，全村人都围了过来。从车上走下几个人，其中一个穿黑皮夹克的中年男子问大家："你们想不想演电影？谁想演请站出来！"一连问了好几遍，村民们都不敢吱声，好多人只顾和身边的人嘀嘀咕咕。

这时，一个16岁的女孩子从人群中走出一步，站了出来："我想演。"

她长得并不漂亮，单眼皮儿，脸蛋红扑扑的，透出一股山里孩子特有的倔强和淳朴。

"你会唱歌吗？"中年男子问。

"会。"女孩子大方地回答。

"那你现在就唱一个！"

"行！"女孩儿开口就唱，一边唱还一边扭，"我们的祖国是花园，花园里花朵真鲜艳……"

村人大笑。因为她的歌唱得实在不怎么好听，不但跑了调，而且唱到一半时还忘了词。但令大家意想不到的是，中年男子用手一指："好，就是你了！"

这个勇敢地向前迈了一步的女孩子叫魏敏芝。她幸运地被大导演张艺谋选中，在电影《一个都不能少》中出演角色，名字很快传遍了大江南北。

显然，大导演看中的并不是女孩儿的演技，因为那实在不算是优秀的；大导演看中的是女孩儿走出那一步表现出来的勇敢。

没有演技，我们可以练；如果连尝试的勇气都没有，还有什么能改变你的人生呢？人生需要我们具有不断尝试的勇气！

机会无处不在，关键是看你有没有再迈出一步的勇气。如果没有了尝试的勇气，即使你条件再好，也只能与机遇擦肩而过。

拥抱现在，才能和过去告别

有很多时候，我们朝着选准了的方向前进，努力了，奋斗了，付出了，可始终没能取得胜利。我们可能会埋怨外部环境，埋怨人情世故，埋怨老天不公，可我们是否能停下来想想，看看脚下的位置？

在地球的最北端，是一片茫茫的雪原，因此保持行进路线方向的正确是最重要的事情之一。可是，在这到处是白色的荒地里没有任何形式的路标，探险家只能相信他们携带的测量仪器。

探险队员们每走一小时就要停下来查看一下地图，并为下一步探险绘制详细的行走路线。然而，就在他们走出营地几个小时之后，突然发现一个奇怪的现象。当他们停下来读取测量仪器上的数据时，惊奇地发现，尽管他们准确无误地朝着北极方向进发，可是离北极点的距离却越来越远。

队员们没有多想，认为这只是一次误测，所以没有犹豫，继续朝前进发。在下一次读取数据时，他们再次发现离北极点更远了。尽管他们准确无误地沿着既定的路线前进，也始终保持着正确的方向，可他们还是离北极点越来越远。

究竟是怎么回事?难道见鬼了不成?最后，他们终于发现，原来他们踏上了一座正在向南漂移的巨大冰川，冰川向南漂移的速度比他们向北行进的速度要快。他们做的每一件事都是完全正确的，可脚下却踏错了地方。

有很多时候，我们朝着选准了的方向前进，努力了，奋斗了，付出了，可始终没能取得胜利。我们可能会埋怨外部环境，埋怨人情世故，埋怨老天不公，可我们是否能停下来想想，看看脚下的位置? 要知道，在错误的位置上很难走出正确的道路，不管你多么勤奋和坚持。所以，在你选定方向之前，还是先看看脚下的位置吧!

当年，居里夫人通过自己的研究得出结论，一定有着一种新元素的存在。但由于她只是理论上推测但无法证明新元素镭，所以巴黎大学的董事会拒绝为她提供她所需要的实验室、实验设备和助理员，她只能在校内一个无人使用的四面透风漏雨的破旧大棚子里进行实验。她工作了4年，最初两年做的是粗笨的化工厂的活儿，不断地溶解分离，最后剩下的就是镭。经过1000多个日夜的辛苦工作，8吨小山一样的矿渣最后只剩下小器皿中的一点液体，再过一会儿将结晶成一小块晶体，那就是新元素镭。当她满怀希望抑制住激烈跳动的心朝那只小玻璃器皿中看时，她看到4年的汗水和8吨的沥青矿渣最后的结果只是一团污迹！

居里夫人有点生气，有点郁闷！要是普通人，准会发大火，然后把那个小器皿连同里面的那团污迹摔得粉碎！但是居里夫人没有，幸亏没有。

居里夫人疲倦地回到家。晚上，她躺在床上，还在想着那团污迹，想找出失败的原因："如果我知道为什么失败，我就不会对失败太在意了。为什么只是一团污迹，而不是一小块白色或色色晶体呢？那才是我们想要的镭。"居里夫人像是对自己又像是对居里说话，突然，她眼睛一亮：也许镭就是这个样子，不像预测的那样是一团晶体。他们起身跑到实验室，还没等开门，居里夫人就从门缝里看到了她伟大的"发现"：器皿里不起眼的那团污迹，此时在黑夜中发出耀眼的光芒。这就是镭，一种具有极强放射性的元素！

通过这个故事，也许你已明白了为什么我们大多数人总是与成功失之交臂：当我们两只眼睛都盯住成功的招牌时，我们无法静下心来注视自己、反省自己，检查脚下的位置，及时调整自己的状态和方向，又怎么可能去理会那一团不起眼的污迹呢？

所以，无论你的工作有多忙，身体有多累，请一定要抽出时间来审视自己，好好检查自己的得失，拨开迷雾，调整自己，认清形势，只有这样，才能不迷失自己，保持正确的方向。

ni suowei de jixian,
buguo shi
bieren de qidian

第二章

你连自律都做不到，
却敢奢谈自由

对自己有要求的人，总不会过得太差

　　每个人最大的对手就是自己。如果你能战胜自己，走出布满阴霾的昨天，你也能成为幸福的人，获得自己人生的奖赏。

　　驯鹿和狼之间存在着一种非常独特的关系，它们在同一个地方出生，又一同奔跑在自然环境极为恶劣的旷野上。大多数时候，它们相安无事地在同一个地方活动，狼不骚扰鹿群，驯鹿也不害怕狼。

　　在这看似和平安闲的时候，狼会突然向鹿群发动袭击。驯鹿惊愕而迅速地逃窜，同时又聚成一群以确保安全。狼群早已盯准了目标，在这追和逃的游戏里，会有一只狼冷不防地从斜刺里蹿出，以迅雷不及掩耳之势抓破一只驯鹿的腿。

　　游戏结束了，没有一只驯鹿牺牲，狼也没有得到一点食物。第二天，同样的一幕再次上演，依然从斜刺里冲出一只狼，依然抓伤那只已经受伤的驯鹿。

　　每次都是不同的狼从不同的地方蹿出来做猎手，攻击的却只是那一只鹿。可怜的驯鹿旧伤未愈又添新伤，逐渐丧失大量的血和力气，更为严重的是它逐渐丧失了反抗的意志。当它越来越虚弱，已不会对狼构成威胁时，狼便跳起而攻之，美美地饱餐一顿。

其实，狼是无法对驯鹿构成威胁的，因为身材高大的驯鹿可以一蹄把身材矮小的狼踢死或踢伤，可为什么到最后驯鹿却成了狼的腹中之食呢？

狼是绝顶聪明的，它们一次次抓伤同一只驯鹿，让那只驯鹿经过一次次的失败打击后，变得信心全无，到最后它完全崩溃了，完全忘了自己还有反抗的能力。最后，当狼群攻击它时，它放弃了抵抗。

所以，真正打败驯鹿的是它自己，它的敌人不是凶残的狼，而是自己脆弱的心灵。同样的道理，要让自己强大起来，唯一的方法就是挑战自己，战胜自己，超越自己。

每个人最大的对手就是自己。如果你能战胜自己，走出布满阴霾的昨天，你也能成为幸福的人，获得自己人生的奖赏。

借口成为习惯，如毒液腐蚀人生

要知道，人的习惯是在不知不觉中养成的，具有很强的惯性，很难根除。它总是在潜意识里告诉你，这个事这样做，那个事那样做。在习惯的作用下，哪怕是做出了不好的事，你也会觉得是理所当然的。

比如说为自己的失控行为寻找借口。选择失控的行为，总会为自己找到借口。而找借口，是世界上最容易办到的事情之一，因为我们可以找到很多的借口去自我安慰，掩饰自己的错误。在工作和生活中就是这样，有的人常常把不成功归咎于外界因素，总是要去找一些敷衍其他人的借口。久而久之，我们就会养成一个习惯：借口越找越多。于是，我们靠着一个又一个借口麻痹自己，在一个又一个借口中消磨生活的勇气和热情。

当我们千方百计为失败找借口时，时间在一个又一个借口中悄然流逝，个性的棱角在一个又一个借口中被磨平。原本尚存的希望，在一个又一个借口中溜走；原本尚存的斗志，在一个又一个借口中远离；原本尚存的机遇，也在一个又一个借口中错过……

如果在工作中以某种借口为自己的过错和应负的责任开脱，第一次你可能会沉浸在借口为自己带来的暂时的舒适和安全之中而不自知。于是，这种借口所带来的"好处"会让你第二次、第三次为自己去寻找借口，因为在你的思想里，你已经接受了这种寻找借口的行为。不幸的是，你很可能就会形成一种寻找借口的习惯。

这是一种十分可怕的消极的心理习惯，它会让你的工作变得拖沓而没有效率，会让你变得消极而最终一事无成。于是，便有可能出现这样的情境：两眼紧盯屏幕，其实脑中却空空如也，什么也没有想；面对一份方案，即使抓耳挠腮、咬牙切齿、搜肠刮肚，依然没有新的想法，更别说靠谱的方案。此时头脑内部就像早已干涸的河床，大脑的运动就像休眠中的火山……这时候，你才会明白，长期的借口会腐蚀你的大脑。

现代铁路两条铁轨之间的标准距离是4.85英尺。原来，早期的铁路是由建电车的人所设计的，而4.85英尺正是电车所用的轮距标准。那么，电车的标准又是从哪里来的呢？最先造电车的人以前是造马车的，所以电车的标准是沿用马车的轮距标准。马车又为什么要用这个轮距标准呢？英国马路辙迹的宽度是4.85英尺，所以，如果马车用其他轮距，它的轮子很快会在英国的老路上撞坏。这些辙迹又是从何而来的呢？从古罗马人那里来的。因为整个欧洲，包括英国的长途老路都是由罗马人为它的军队所铺设的，而4.85英尺正是罗马战车的宽度。任何其他轮宽的战车在这些路上行驶的话，轮子的寿命都不会很长。可以再问，罗马人为什么以4.85英尺作为战车的轮距宽度呢？原因很简单，这是牵引一辆战车的两匹马屁股的宽度。故事到此还没有结束。美国航天飞机燃料箱的两旁有两个火箭推进器，因为这些推进器造好之后要用火车运送，路上又要通过一些隧道，而这些隧道的宽度只比火车轨道宽一点，因此火箭助推器的宽度是由铁轨的宽度所决定的。

所以，最后的结论是：由于路径依赖，美国航天飞机火箭助推器的宽度，竟然是由两千年前两匹马屁股的宽度决定的。

可见，习惯虽小，却影响深远。习惯对我们的生活有绝对的影响，因为它是一贯的，它在不知不觉中，经年累月地影响着我们的品德、我们思维和行为的方式，左右着我们的成败。

一旦我们养成了寻找借口的习惯，那么我们的上进心和创造力也就慢慢地烟消云散了。我们要拒绝借口，避免养成寻找借口的坏习惯，在工作中，更应该想办法去拒绝借口，而不是忙着找借口。

许多平庸者、失败者的悲哀，常常在于面对困境时缺乏足够的智慧和勇气，总是在借口的老路上越走越远。"生不逢时""不会处世""缺少资金"……归结为一点：自己的拖延行为总由是各种因素促成的。

事实上，困难永远都有，挫折也在所难免，关键是怎样对待。不断向别人学习，不断充实自己，不断总结经验教训，不断探索实践，这样才会有成功的机会。

如果你发现自己经常为了没做某些事而制造借口，或是想出千百个理由来为没能如期实现计划而辩解，那么现在正是该面对现实好好检讨的时候了。

放任你好，成功再见

一些习惯放任的学生会说："许多人都在玩，我又何必这么紧张呢？"那些习惯放任的职员会说："大家都这样工作，我又何必这么认真呢？"那些习惯放任的人会说："等以后再努力，今天又何必这么努力呢？"……

每当要付出辛劳时，总是能找出一些借口来安慰自己，总想让当下的自己轻松些、舒服些。人们都有这样的经历：清晨闹钟将你从睡梦中惊醒，你想着该起床了，一边又不断地给自己寻找借口"再等一会儿"，于是又躺了5分钟，甚至10分钟……

放任的背后其实是个人的惰性心理在作怪，因为选择了借口就意味着能享受到"便利"，同时也带来了"思考放弃症"。在享受"思考放弃症"带来的便利的同时，也推掉了可能降临的机会。

当J先生还在上小学的时候，他不想做老师布置的作业，他对自己说："不要紧，老师布置的功课太多。"参加工作后，面对工作上的种种难题，他又对自己说："刚毕业的学生，不懂的地方多着呢。"中年的时候，和J先生同时进入公司的同事，都已经节节升迁。J先生却不以为然地说："他们不比我聪明多少，只是机遇比我好一点罢了。"

在他退休的时候，一切在轻松悠闲中已经过去了，他什么也没有得到。J先生这时才蓦然发现，往事不堪回首："其实有很多机会，我抓住了都可能获得晋升。比如有一次，公司想派我到西部去掌管分公司，但是需要我在一个项目上展现实力，但自己却因为放任没有把项目做好。"

一旦因为放任替自己开脱责任后，人的一生自然会享受到种种"便利"，但最终也会注定人生将碌碌无为。

我们盘点自己的得失时，对放任的利弊应该有更清楚的认识：放任得到的暂时"便利"，终会换来今后的"沉重"人生。

小郭工作5年来，不仅没有得到晋升，甚至面临着失业。是什么导致了他这样的境遇？

刚进公司的小郭是个非常有竞争优势的年轻人。顶着名牌大学毕业生的光环，但是，他来到这家公司后，发现现实与自己的理想有偏差，于是对工作、企业都产生了抵触情绪。他觉得自己的学历比别人高，能力比别人强，却屈尊在小公司里，于是终日浑噩度日，有事情也不积极解决，能拖则拖，寄希望于时间可以解决一切。

更让同事们不能容忍的是，他总是仗着资历老，在紧急的项目面前不紧不慢的，"别着急啊，这个工作我做了几年了，两天就完了"；"现在没兴趣，过几天再说吧"。在小郭的拖延中，很多问题都得不到解决，和他一组的同事却因为他一起受到了公司的惩罚。

　　同事们不愿再与他协作，上司也对他产生了看法。而小郭却没有意识到自己的问题，对待工作仍改不了拖延的毛病。5年时间下来，小郭做好的项目屈指可数，上司越来越不满意他的表现了。

　　平庸者的经典台词往往是："缓一缓吧，明天一切都好了！"用这种思维方式，用这种逻辑为自己开脱的人比比皆是。某种程度上，一个人在放任问题上所表现出来的态度是他走向卓越或平庸的分水岭。平庸者遇到问题只会不断放任，成功者面对困难积极想办法解决问题。

　　与放任拥抱，也意味着与幸福远离。看"幸福"的"幸"字很有意思，它和"辛苦"的"辛"字长得很像，简直是一对孪生兄弟。在"辛"上多一点努力就变成了"幸"，或者说辛苦跨一步就是幸福。这也正说明了辛苦和幸福的关系，辛苦一下，幸福就来了。选择不拖延，多一点辛苦，幸福和成功也就近了。

　　选择不放任的生活方式，这是一种全身心地投入人生的生活方式。当你活在当下，而没有过去拖你的后腿，也没有迷茫阻碍你往前时，你全部的能量都集中在这一时刻，生命也因此具有一种强烈的张力，你可以把全部的激情放在这一刻，你的成功也就近在咫尺。

你的想法很多，但只停留在嘴上

心理学家乔治·哈里森这样说："懒惰是一种不能按照自己的本来意愿行事的精神状态，是缺乏意志力的表现。"虽然很多人都说自制力与懒惰并没有关系，但我们不能否认，失控真的是我们在惰性心理影响下导致行动力减弱而形成的一种坏习惯。

的确如此，在若干种因素导致的失控中，懒惰是最为常见的。比如说当我们早知道自己长期不运动已经导致体重超标，我们也知道能用什么方法可以减去身体多余的赘肉，可是我们却迟迟不肯行动，以至于拖延着让不健康的生活继续，让体重继续增长。这就是懒惰带来的恶果。

张峰接到老板的任务：一周内起草与甲公司的销售合同。这对法律专业出身的他来说简直是小菜一碟。

第一天，手头上其他工作本来可以结束，但他想明天做完再动手也不迟。

第二天，有突发事件耽误了一上午，下午下班前他才勉强将原有工作完成。

第三天，他刚准备起草合同，同事工作上遇到困难请他帮忙耽误了一上午，下午他也没心情做，心想：周末的两天足够了，不急。

结果第四天一帮朋友搞了个聚会，他整整玩了一天，晚上喝得酩酊大醉。

就这样，他一直睡到次日中午，起来头还晕得厉害，吃了几片药又躺下休息。

第六天上班后的例会上，老板问他完成任务没有，他撒谎说差不多了，只是有些数据需要核实，明天就能交上。

开完例会他立刻动手，才发现这个合同书远没想象中那么简单，不仅涉及许多他不熟悉的领域，而且还需要许多实证数据的支持，就是三天也未必能完成！

由于合同没有按时拟好，影响了与客户签约，老板对他进行了严厉批评，还在公司内进行通报批评，张峰羞愧得无地自容。

案例中的张峰因为养成了拖延工作的习惯，而失去了行动的主动权，最终让自己狼狈不堪。

失控和懒惰之间存在着不可分离性关系。失控在惰性中滋生，而惰性是失控的纵容者。失控不一定是懒惰，但懒惰肯定会失控。这两者结合在一起，便成为将你灵魂和身体侵蚀一空的绝佳借口，而它们都有着让人上瘾的特性，越是懒惰越是失控，如此持续下去，有可能会消磨你的意志，阻碍你的发展。

其实想要拒绝懒惰也并没有多困难，最有效的方法就是让自己勤奋起来。亚历山大曾经说过："虽有卓越的才能，而无一心不断的勤勉、百折不挠的忍耐，亦不能立身于世。"成功人士知道"无限风光在险峰"，只有努力攀登，才能有"一览众山小"的豪情。

早起的鸟儿有虫吃。勤奋是一种需要长久坚持的人生信念，只有将"勤奋"二字作为自己永久的座右铭，才能在不惰性的人生中实现成功。

比尔·盖茨在参加博鳌亚洲论坛2007年年会期间，在一次与中国网友网上讨论时，接受了近两万名网友的提问。其中，大家向比尔·盖茨问得最多的问题是："你成功的主要原因是什么？"比尔·盖茨的回答是："工作勤奋，我对自己要求很苛刻。"

在微软创业初期，比尔·盖茨就异常勤奋努力。微软老员工鲍伯·欧瑞尔说出了他1977年进入微软公司时比尔·盖茨的工作状态："那时候比尔满世界飞。他会亲自跑到各个公司跟人家谈，比如德州设备、施乐公司、德国西门子公司、法国公牛机器公司等。那些公司会有一大帮技术、法律、销售及业余人员围着他，问他各种问题。比尔经常单枪匹马参加世界各地的展览会，推销产品。比尔整天都在销售产品，有时他刚出差回来就连续上班24小时，累了就在办公桌下睡一小会儿。"

虽然微软的员工们工作非常卖力，但都勤奋不过他们的老板比尔·盖茨。事实上，比尔·盖茨至今依然如此勤奋努力，哈佛商学院的案例中有这样的说法："盖茨好像就住在办公室，他每天上午大约9点钟来到办公室后，就一直待到半夜，休息时间似乎就是吃比萨饼外卖这顿晚饭的几分钟，吃完后他又继续忙起来了。"

每个精英的故事中都有类似的描述。当你羡慕别人坐拥巨富享受高品质生活时，当你妒忌别人拿着高薪坐着高位时，当你看到机会总是让别人遇到时，你也许会抱怨世界真不公平。但是，当你抱怨不公平时，是否反省过："我有他们那么勤奋吗？"

古罗马有两座圣殿：一座是勤奋的圣殿，另一座是荣誉的圣殿。他们在安排座位时有一个次序，就是必须经过前者，才能达到后者。勤奋是通往荣誉的必经之路，那些试图绕过勤奋，寻找荣誉的人，总是被荣誉拒之门外。

很多人总是在抱怨自己命运不济和人生难以捉摸，其实命运本身并不如人们所言那样神秘莫测。洞察明了生活的人都了解：幸运和机遇通常伴随于那些勤奋努力之人，而不是那些懒惰之人。

所有偷过的懒，都会变成打脸的巴掌

前文中已经详述了懒惰与失控的紧密联系，如果你身处一个懒散的群体，你可能也会不自觉地变懒，进而因"懒"而致失控。

有人这样说："懒惰是传染病，只要你的身边有一个懒人，很快就会出现第二个、第三个，你也很快会变成其中的一分子。"这话比较有道理，懒惰犹如瘟疫，它会从一个人的身上蔓延到一群人的身上。的确如此，身边有了懒人，我们会不自觉地向他们看齐，否则内心往往会泛起不平衡：凭什么我要做这么多的事，我也要学会偷懒。

当下很多企业，也窝藏着一群懒人，他们上班踩着点，下班提前溜；凡事能躲则躲，能推则推。如果和这些懒散的"家伙"为伍，你迟早也会甘于平庸不思进取。被誉为"世纪经理"的杰克·韦尔奇的经历多少能给我们一点启示。

1961年，韦尔奇已经来到GE工作一年了，这时候，韦尔奇的顶头上司伯特·科普兰给他涨了1000美元工资，韦尔奇觉得还不错，他以为这是公司对有贡献的人的奖赏，因而十分有干劲。但他很快发现他的同事们跟他拿的薪水差不多。知道这个情况后，韦尔奇一天比一天萎靡不振，终日牢骚满腹。

一天，时任GE新化学开发部年轻的主管鲁本·加托夫将韦尔奇叫到自己的办公室，令他印象深刻的是这句话："韦尔奇，难道你不希望有一天能站到这个大舞台的中央吗？"

这次谈话被韦尔奇称为是改变命运的一次谈话，后来当上执行总裁的韦尔奇也一直尊称加托夫为恩师。

他决定让自己有一个根本性的改变，这时在他面前出现了一个机遇：一个经理因成绩突出被提升到总部担任战略策划负责人，这样经理的职位就出现了空缺。"我为什么不试试呢？"韦尔奇想。

韦尔奇不想看着这个可以改变自己的机会从眼前溜走，他开门见山地对他的领导说："为什么不让我试试鲍勃的位置？"

韦尔奇在领导的车上坐了一个多小时，试图说服他。最后，领导似乎明白了韦尔奇是多么需要用这份工作来证明自己能为公司做些什么，他对站在街边的韦尔奇大声说道："你是我认识的下属中第一个向我要职位的人，我会记住你的。"

在接下来的7天时间里，韦尔奇不断地给领导打电话，列出他适合这个职位的其他原因。

一个星期后，加托夫打来电话，告诉他，他已被提升为塑料部门主管聚合物产品生产的经理。1968年6月初，也就是韦尔奇进入GE的第8年，他被提升为主管2600万美元的塑料业务部的总经理。当时他年仅33岁，是这家大公司有史以来最年轻的总经理。

1981年4月1日，杰克·韦尔奇终于凭借自己对公司的卓越贡献，稳稳地站到了董事长兼最高执行官的位置上，站到了GE这个大舞台的中央。

韦尔奇没有向平庸者们看齐，他不断进取，最终站到了公司内权力的最高点。然而，懒惰和懈怠只会将卓越的才华和创造性的智慧悉数吞噬，使之逐渐退步，甚至成为没有任何价值的员工。

不可否认的是，我们身边有很多懒人，他们或多或少对自己会造成一定的影响。不要把注意力放在这些人身上，关注他们只会让自己变得浮躁。如果你将注意力从他们身上转移的话，当你完成任务的时候，可能别人就在加班。我们不应该和"懒人"计较一些事情，这样会打击我们做事的积极性。

所以，我们不要轻易被懒人的言语和行为"诱惑"了，懒惰只会带来片刻的舒适，该做的事情拖延之后还终须解决，到最后终将会为自己的懒惰付出代价。"近朱者赤，近墨者黑"，我们要远离那些懒散的人群，防止自己被他们所传染。

没有收拾残局的能力，就别放纵善变的情绪

也许有人觉得，压力会带来动力。没有压力我们会变得更懒散和失控。因此，给自己压力往往成了这些人战胜失控的"秘诀"，但其实不是这样。

不少失控者的一大谎言是，认为时间的紧迫会让他们更具有工作效率。惯于失控的人可能有这样的借口，如"我明天会更乐意做这件事""我在压力下能更好地工作"，而实际上，等到了第二天，照样没有工作的热情，在压力下也不见得工作出色。

心理学家张侃认为，工作越多，压力越大，越容易失控。可以说，失控总是伴随着压力而生的。压力会在很多方面造成失

控，巨大的压力让我们逃避带来压力的工作。

心理学家发现，尽管压力感可以带来一定的效率，但一件事拖到最后，会面临巨大的时间压力，在这种压力的逼迫下做事，会消耗更多的心理能量，让人充满忧虑、焦灼和内疚感。

压力和动力之间的关系，是一个倒U形曲线。当压力强度在曲线转折点的那个最高点上，人的潜能最容易被激发，压力最能创造动力。但是过了这个值以后，压力会产生更多焦虑、抑郁等负性情绪，当我们自觉无法应对压力时尤其如此。于是我们陷入了这样的怪圈：压力越大，我们越需要时间和精力来放松。放松后回头一看，原本就很紧迫的时间又消失了些，压力更大了，只好继续放松。压力和失控就这样形成了恶性循环。

某大学的小李本是品学兼优的学生，父母为供他读书四处举债，而这让他感受到了不少压力。大四那年，小李却面临这样的窘境：如果无法在一学期之内修完之前落下的6门课，他就要被延期毕业，甚至退学。可就在这时候，他沉溺于网游。他完全知道自己顺利毕业参加工作对这个家庭的意义，但是在此时他却选择了逃避。他甚至想，毕不了业去干体力活，也能帮家里分担负担。小李同学的失控症很大程度上来自家庭经济压力。

人有一种"习得性无助"的无奈感，时间压力有时候会让人产生这样的习得性无助，那种我再努力也无法赶上时间进度的感觉。这时候，压力除了制造焦虑，再也不会激起人努力的欲望了。从这个角度来说，压力是失控症最忠实的盟友，甚至可以说，失控症的问题，某种意义上，也就是压力管理问题。

晚上，高波坐在客厅里看电视，但是显得有点无精打采。老妈在屋子里忙前忙后，看到有点不在状态的儿子，她问："出什么事了，怎么像霜打的茄子？"

"没事，就是最近特别烦！"高波在老妈面前倒也不伪装。

"你去玩会儿游戏吧！心情烦的时候，就去玩游戏。"老妈绝对是最心疼儿子的人，想方设法让儿子不受委屈。

"这几天我也没有玩游戏的心思，没什么意思。玩的时候，一直想着还有工作没做出来，周一就得交方案了，心里特别着急。一着急吧，游戏就玩不好，总是输，然后就更心烦，整个人都不在状态。"高波如实地说出了自己的困扰。

"后天就要交了，那你怎么还在这里待着？赶紧去做啊！"老妈显得十分着急。

"我知道时间很紧，可就是不想动。一想起工作的事，半天都找不到头绪，不知道死了多少脑细胞。昨天我就挺烦的，可想着不是还有今天吗，也就没往心里去。可到了现在，我还是静不下心来，一直拖着没动，我心里都快急死了……"

高波嘴上虽然很着急，但还是窝在客厅没有动弹。其实，深受压力而又选择拖延的人，何止高波一个人呢？所有拖延的人都似乎是同样的表现，心理压力山大，手里却还在点着微博、微信、淘宝，绝对会将工作拖延到最后一刻。

很多人在工作的时候，都会有这样的体验。工作任务不紧的时候，他也不会早早完成工作，假模假式地在那里耗着。等到压力真正降临时，他又开始焦头烂额，一边抱怨压力大，一边辛苦地干活，但他却不知道这些压力都是自己造成的。

如果我们从一开始就有条不紊、从从容容地开展工作，心里应该会更加踏实，完成任务之后也会更有成就感。不过，这样的感受，受压力困扰的失控症患者似乎很少体验过。他们所感受到的，不过是失控与压力恶性循环之后带来的烦恼和苦闷。

没有自制力与颓废：能力在散漫中衰退

失控是一种很坏的习惯。今天该做的事拖到明天完成，现在该打的电话等到一两个小时后才打，这个月该完成的报表拖到下个月，这个季度该达到的进度要等到下一个季度，等等。

因为失控，没有解决的问题会由小变大，由简单变复杂，像滚雪球那样越滚越大，解决起来也越来越难。从自身角度来说，过了一段时间，当你再次想起来强迫自己继续时，你会发现自己无法具备当初的工作能力了。事实上，失控将使你的能力不断衰退。

林晃在一家公司做产品工艺设计员，他经常埋怨、找借口、推卸责任，还利用工作时间和同事聊天，把工作丢到一旁而毫无顾忌。别人提起，他总是说"等一会儿再做""明天再做，有的是时间"……

渐渐地，他做事变得拖沓起来，效率低下。要他星期一早上交的方案，到了星期二早上依然尚未做完，经理批评他，他就带着情绪工作，把方案做得一塌糊涂。后来，林晃在接到工作任务时，不是考虑怎样把工作做好，而是能拖则拖，没有主动性。时间长了，他已经无法掌握到工作的要领了，而且因为同事们的迅速成长，他成了公司最末流的员工。因为能力低，不能按时按质完成工作，经理也不愿再交给他重要任务，只让他做最简单的方案。

如果我们总是在说"我应该去面对它，但现在对付它还为时过早"，那么，你的"失控症"将会最终导致工作能力不断退化。

可以说，失控是最具破坏性的，它使人丧失进取心、迷失方向。一旦开始遇事拖拉，就很容易再次拖延，直到变成一种根深蒂固的习惯，为自己的成功制造不可逾越的鸿沟。任何憧憬、理想和战略，都会在拖延中落空。

初入职场的年轻人身上往往有一股逼人的朝气，但职场"老人"则会经常打击他们："等你们混得久了，就不会这么有激情了。"当年轻人也逐渐变成职场"老人"时，他们大多数人会发现当初的"老人"的话真的很对，以致很多人将"岁月就是一把杀猪刀"的话挂在嘴边。

已经在公司混迹了四五年的"老人"曹伟也经常这样。遥想刚进入这家公司时，那时候可真是雄姿勃发。进入了自己喜欢的行业，他期待着在职场上大展拳脚，尽情地发挥自己的才能，感觉前途一片光明。当时，每接到一个新任务，曹伟都全身心地投入，总是以最快的速度、最好的质量来"交差"。站在如今的角度回头看过去的成品，甚至觉得有点"小儿科"，可那时的自己一直在进步，而现在总是感觉自己在吃老本了。他甚至有点不太喜欢现在的自己。

他回想起自己目前的状态：不管什么事，总是要拖到最后才开始去做，一点自控力都没有；但凡稍有麻烦的事情，都坚决持逃避态度，心想着"烫手的山芋接不得"；被动地接受现状，很少主动研究存在的问题。遇到棘手的工作内容，曹伟就想着退缩、辞职不干；就算是手到擒来的工作内容，做得也是马马虎虎，可能是因为心里有底，就更加不会全身心地投入了。

生活的可怕之处就在于此：安于现状。最尴尬的就是曹伟这样的，整个人却又像是被卡住了一般，不安心就这样混下去，但又习惯了失控来适应现状。

失控症害人，这是绝对的真理。你一手促成的失控将侵蚀你的意志和心灵，消耗能量，摧毁创造力，阻碍你个人潜能的发挥。

每个人在自己的一生中，都有着某种憧憬、某种理想或某种计划，假如能够将这些憧憬、理想与计划快速加以执行，那么，其在事业上的成就不知道会有多大！但是，如果人们有了好计划后，并不去快速执行，而是一拖再拖，就会让热情逐渐冷淡，让能力逐渐消磨，计划最终会失败。

　　如果失控的问题不解决，恐怕这辈子都只能浑浑噩噩地度过了。

第三章

方向不对，所有的努力都是「自我安慰」

ni suowei de jixian,
buguo shi
bieren de qidian

人生本无意义，需要自己确立

"吃饭是为了活着，但活着绝不是为了吃饭。"这句话告诉我们：人生需要一个鲜明的意义。有的人追求爱情，为爱情百折不回、无怨无悔；有的人追求金钱，为金钱殚精竭虑、夙兴夜寐；有的人追求友情，为朋友两肋插刀、赴汤蹈火；有的人追求名誉，为名誉立身持正、两袖清风……

人生在世都有所追求，追求本身便是自己给自己设立的人生意义。倘若没有追求、没有渴望，人生就如同嚼蜡，缺少滋味。星云大师说："成功有成功的条件，想成功必须先建立良好的观念，否则就可能差之毫厘，谬以千里。"所谓良好的观念有很多，比如"一分耕耘、一分收获""只求付出、不求回报""有志者事竟成"……每一种观念的确立，其实都是一条指向人生意义的路径。

子曰："不曰'如之何，如之何'者，吾未如之何也已矣！"这句话的意思是，一个不说"怎么办，怎么办"的人，我真不晓得他该怎么办了。如果一个人对任何事情都不多加思索，不想寻找解决困难的方法，不想得到问题的答案，只是糊里糊涂地"做一天和尚撞一天钟",那么就连孔子这样的圣人都不知道该如何开导他了。

作家毕淑敏在某所大学做演讲时,不断有学生递上字条提出自己的疑问。字条上提得最多的问题是——"人生有什么意义?请你务必说实话,因为我们已经听过太多言不由衷的假话了。"

她把这个问题读了出来,并说:"你们今天提出这个问题很好,我会讲真话。我在西藏阿里的雪山之上,面对着浩瀚的苍穹和壁立的冰川,如同一个茹毛饮血的原始人,反复地思索过这个问题。我相信,一个人在他年轻的时候是会无数次地叩问自己:'我的一生,到底要追索怎样的意义?'我想了无数个晚上和白天,终于得到了一个答案。今天,在这里,我将非常负责地对你们说,我思索的结果是:人生是没有任何意义的!"

这句话说完,全场出现了短暂的寂静,但紧接着就响起了暴风雨般的掌声。这可能是毕淑敏在演讲中获得的最热烈的掌声。在以前,她从来不相信果真有"暴风雨"般的掌声,她觉得那只是一个拙劣的比喻。但这一次,她却亲耳听到了。虽然她做了一个"暂停"的手势,但掌声还是延续了很长时间。

等掌声渐止,毕淑敏接着说道:"大家先不要忙着给我鼓掌,我的话还没有说完。我说人生是没有意义的,这不错。但是,我们每一个人要为自己确立一个意义!是的,关于人生意义的讨论,充斥在我们的周围。很多说法,由于熟悉和重复,已让我们从熟视无睹滑到了厌烦,可是这不是问题的真谛。真谛是,别人强加给你的意义，无论它多么正确，如果它不曾进入你的心理结构，它就永远是身外之物。例如，我们从小就被家长灌输过人生意义的答案。在此后漫长的岁月里，谆谆告诫的老师和各种类型的教育，也都不断地向我们批发人生意义的补充版。但是有多少人把这种外在的框架当成自己内在的标杆，并为之下定了奋斗终生的决心？"

"人生是没有意义的，但你要为之确立一个意义。"这是何其朴素又何其深刻的道理！人生需要我们为之确立一个意义。生活若缺少了意义，就缺少了乐趣，一个人就会变得浑浑噩噩，感到空虚和麻木。给人生一个鲜明的意义。这个意义，要经得起时间的考验，随着时间的流逝，你不会为之感到后悔；这个意义，能赶走生命的颓废和空虚，带来愉快和欣喜；这个意义，能永远璀璨、不会变质，值得为之舍弃很多其他东西。一般来说，这个意义若要无悔，必定与感情有关，与金钱无关；人生的意义，必须包含一些精神上的寄托，如此才能感到生命无悔。

心中有了方向，才不会一路跌跌撞撞

一个连自己的人生观都还没有确定，学问道德修养都还不够的人，是没有资格直接去指点别人行为的得失的。一个人没有自己的人生观，没有人生的方向，只是一味地跟着环境在转，那是人生最悲哀的事。人生有自我存在的价值，选择一个目标，也等于明确了人生的方向，这样才不至于迷失。

比塞尔是西撒哈拉沙漠中的一颗明珠，每年有数以万计的旅游者来到这里。可是在肯·莱文发现它之前，这里还是一个封闭而落后的地方。这里的人没有一个走出过大漠，据说不是他们不愿离开这块贫瘠的土地，而是尝试过很多次都没有走出去。

肯·莱文当然不相信这种说法。他用手语向这里的人问原因，结果每个人的回答都一样：从这儿无论向哪个方向走，最后还是转回到出发的地方。为了证实这种说法，他做了一次试验，从比塞尔村向北走，结果三天半就走了回来。

比塞尔人为什么走不出来呢？肯·莱文非常纳闷儿，最后他只得雇一个比塞尔人，让他带路，看看到底是怎么回事。他们带了半个月的水，牵了两峰骆驼，肯·莱文收起指南针等现代设备，只拄一根木棍跟在后面。

10天过去了，他们走了大约800英里的路程，第11天早晨，果然又回到了比塞尔。

这一次肯·莱文终于明白了，比塞尔人之所以走不出大漠，是因为他们根本就不认识北斗星。在一望无际的沙漠里，一个人如果凭着感觉往前走，他会走出许多大小不一的圆圈，最后的足迹十有八九是一把卷尺的形状。比塞尔村处在浩瀚的沙漠中间，方圆上千公里没有一点儿参照物，若不认识北斗星又没有指南针，想走出沙漠，确实是不可能的。

肯·莱文在离开比塞尔时，带了一位叫阿古特尔的青年，就是上次和他合作的人。他告诉这位汉子，只要你白天休息，夜晚朝着北面那颗星走，就能走出沙漠。阿古特尔照着去做了，三天之后果然来到了大漠的边缘。阿古特尔因此成为比塞尔的开拓者，他的铜像被竖在小城的中央。铜像的底座上刻着一行字：新生活是从选定方向开始的。

一个辉煌的人生在很大程度上取决于人生的方向，个人的幸福生活也离不开方向的指引。确立人生的方向是人一生中最值得认真去做的事情。你不仅需要自我反省、向人请教"我是什么样的人"，还需要很清楚地知道"我究竟需要什么"，包括想成就什么样的事业、结交什么样的朋友、培养和保留什么样的兴趣爱好、过一种什么样的生活。这些选择是相对独立的，但却是在一个系统内的，彼此是呼应的，从而共同形成人生的方向。

闻名于世的摩西奶奶是美国弗吉尼亚州的一位农妇，76岁时因关节炎放弃农活，这时她又给了自己一个新的人生方向，开始了她梦寐以求的绘画。80岁时，她到纽约举办个人画展，引起了意外的轰动。她活了101岁，一生留下绘画作品600余幅，在生命的最后一年还画了40多幅画。

不仅如此，摩西奶奶的行动也影响到了日本大作家渡边淳一。渡边淳一从小就喜欢文学，可是大学毕业后，他一直在一家医院里工作，这让他感到很别扭。马上就30岁了，他不知该不该放弃那份令人讨厌却收入稳定的工作，以便从事自己喜欢的写作。于是他给闻名已久的摩西奶奶写了一封信，希望得到她的指点。摩西奶奶很感兴趣，当即给他寄了一张明信片，她在上面写下这么一句话："做你喜欢做的事，上帝会高兴地帮你打开成功之门，哪怕你现在已经80岁了。"

人生是一段旅程，方向很重要，每个人都可以掌握自己人生的方向。找到人生方向的人是最快乐的人，他们在每天的生活中体验这些，追求一种能令他们愉悦和满意的生活，他们的生活是与他们所向往的人生方向相一致的，对人生方向的追求使他们的生命更加有意义。

人生的方向也是人生的哲学。在追求自己人生方向的过程中，应不断地做出总结，这并不是说你正处于一个人生的危急关头，不得不在你未来的目标和你的职业道路之间做出一个选择，而是从一开始就给自己选定人生的方向，这才是最关键的人生问题。

目标有价值，人生才有价值

关于人生，关于价值，著名哲学家黑格尔有一个著名的论断，他说："目标有价值，人生才有价值。"可见目标对于人生的重要性，只有了解了自己为何有此一生，确立了自己所要完成的目标，人生才会更有意义。因此，我们要树立自己的目标，而且要树立有价值的目标。

有一次，在高尔夫球场，罗曼·V.皮尔在草地边缘把球打进了杂草区。有一个青年刚好在那里清扫落叶，就和他一块儿找球，那时，那青年很犹豫地说：

"皮尔先生，我想找个时间向你请教。"

"什么时候呢？"皮尔问道。

"哦！什么时候都可以。"他似乎颇为意外。

"像你这样说，你是永远没有机会的。这样吧，30分钟后在第18洞见面谈吧！"皮尔说道。30分钟后他们在树荫下坐下，皮尔先问他的名字，然后说："现在告诉我，你有什么事要同我商量？"

"我也说不上来，只是想做一些事情。"

"能够具体地说出你想做的事情吗？"皮尔问。

"我自己也不太清楚。我很想做和现在不同的事，但是不知道做什么才好。"他显得很困惑。

"那么，你准备什么时候实现那个还不能确定的目标呢？"皮尔又问。

青年对这个问题似乎既困惑又激动，他说："我不知道。我的意思是有一天。有一天想做某件事情。"于是皮尔问他喜欢什么事。他想一会儿，说想不出有什么特别喜欢的事。

"原来如此，你想做某些事，但不知道做什么好，也不确定要在什么时候去做，更不知道自己最擅长或喜欢的事是什么。"

听皮尔这样说，他有些不情愿地点头说："我真是个没有用的人。"

"哪里。你只不过是没有把自己的想法加以整理，或缺乏整体构想而已。你人很聪明，性格又好，又有上进心。有上进心才会促使你想做些什么。我很喜欢你，也信任你。"

皮尔建议他花两星期的时间考虑自己的将来，并明确决定自己的目标，不妨用最简单的文字将它写下来。然后估计何时能顺利实现，得出结论后就写在卡片上，再来找自己。

两个星期以后，那个青年显得有些迫不及待，至少精神上看来像完全变了一个人似的在皮尔面前出现。这次他带来明确而完整的构想，已经掌握了自己的目标，那就是要成为他现在工作的高尔夫球场经理。现任经理5年后退休，所以他把达到目标的日期定在5年后。

他在这5年的时间里确实学会了担任经理必备的学识和领导能力。经理的职务一旦空缺，没有一个人是他的竞争对手。

又过了几年，他的地位依然十分重要，成了公司不可缺少的人物。他根据自己任职的高尔夫球场的人事变动决定未来的目标。现在他过得十分幸福，非常满意自己的人生。

塞涅卡有句名言说："如果一个人活着不知道他要驶向哪个码头，那么任何风都不会是顺风。有人活着没有任何目标，他们在世间行走，就像河中的一棵小草，他们不是行走，而是随波逐流。"

没有目标的人生就像没有方向的航船，只能在海上漫无目的地漂泊。为了掌握自己的人生，先要明确你的目标，找到努力的方向，再立即采取行动，不断努力提高自己的能力，促进自己的成长，就能获得满意的人生。

你明明很努力，却依然没有长进

人之一生，背负的东西太多太多，钱、权、名、利，都是我们想要的，一个也不想放下，压得我们喘不过气来。人生中有时我们拥有的太多太乱，我们的心思太复杂，我们的负荷太沉重，我们的烦恼太无绪，诱惑我们的事物太多，大大地妨碍我们，无形而深刻地损害我们。生命如舟，载不动太多的欲望，怎样使之在抵达彼岸时不在中途搁浅或沉没？我们是否该选择放下，丢掉一些不必要的包袱，那样我们的旅程也许会多一些从容与安康。

明白自己真正想要的东西是什么，并为之而奋斗，如此才不枉费这仅有一次的人生。英国哲学家伯兰特·罗素说过，动物只要吃得饱，不生病，便会觉得快乐了。人也该如此，但大多数人并不是这样。很多人忙碌于追逐事业上的成功而无暇顾及自己的生活。他们在永不停息的奔忙中忘记了生活的真正目的，忘记了什么是自己真正想要的。这样的人只会看到生活的烦琐与牵绊，而看不到生活的简单和快乐。

我们的人生要有所获得，就不能让诱惑自己的东西太多，不能让努力的方向过于分叉。我们要简化自己的人生，要学会有所放弃，要学习经常否定自己，把自己生活中和内心里的一些东西断然放弃掉。

仔细想想你的生活中有哪些诱惑因素，是什么一直干扰着你，让你的心灵不能安宁，又是什么让你坚持得太累，是什么在阻止着你的快乐。把这些让你不快乐的包袱通通扔弃。只有放弃我们人生田地和花园里的这些杂草害虫，我们才有机会同真正有益于自己的人和事亲近，才会获得适合自己的东西。我们才能在人生的土地上播下良种，致力于有价值的耕种，最终收获丰硕的粮食，在人生的花园采摘到鲜丽的花朵。

所以，仔细想想你在生活中真正想要什么，认真检查一下自己肩上的背负，看看有多少是我们实际上并不需要的。这个问题看起来很简单，但是意义深刻，它对成功目标的制定至关重要。

要得到生活中想要的一切，当然要靠努力和行动。但是，在开始行动之前，一定要搞清楚，什么才是自己真正想要的。要打发时间并不难，随便找点儿什么活动就可以应付，但是，如果这些活动的意义不是你设计的本意，那你的生活就失去了真正的意义。你能否提高自己的生活品质，并且使自己满足、有所成就，完全看你自己真正需要什么，然后能不能尽量满足这些需要。

生活中最困难的一个过程就是要搞清楚我们自己究竟想要什

么。大多数人都不知道自己真正想要什么，因为我们不曾花时间来思考这个问题。面对五光十色的世界和各种各样的选择我们更不知所措，所以我们会不假思索地接受别人的期望来定义个人的需要和成功，社会标准变得比我们自己特有的需求还要重要。

我们总是太在意别人的看法，以致我们下意识地接受了别人强加于我们的种种动机，结果，努力过后才发现自己的需求一个都没能满足。更复杂的是，不仅别人的意见影响着我们的欲望，我们自己的欲望本身也是变幻莫测的。它们因为潜在的需要而形成，又因为不可知的力量而日新月异。我们经常得到过去十分想要的，而现在却不再需要的东西。

如果有什么原因使我们总是得不到自己想要得到的东西的话，这个原因就是你并不清楚自己到底想要什么。在你决定自己想要什么、需要什么之前，不要轻易下结论，一定要先做一番心灵探索，真正地了解自己，把握自己的目标。只有这样，你才能在生活中满意地前进。

错误，是成长的一部分

在日本，有一名僧人叫奕堂，他曾在香积寺风外和尚处担任掌理饮食典座。

有一天，寺里有法事，临时决定提早进食。乱了手脚的奕堂，匆匆忙忙地把萝卜、红萝卜、青菜随便洗了一洗，切成大块就放到锅里去煮。他没想到青菜里居然有条小蛇，就把煮好的菜盛到碗里直接端出来给客人吃。

满堂来客一点也没发觉。当法事结束客人回去后，风外把奕堂叫去，他用筷子把碗中的一样东西挑起来问他：

"这是什么？"

奕堂仔细一看，原来是蛇头。他心想这下完了，不过还是若无其事地回答：

"那是个红萝卜的蒂头。"

奕堂说完就把蛇头拿到手上，放到嘴边，咕噜一声吞下去了。风外对此佩服不已。

智者即是如此，犯了错误，他不会一味自责、内疚或寻找借口推卸责任，而是采取适当的方式正确地对待。

生活中，我们每个人都会犯错。犯了错只表示我们是人，不代表就该承受如下地狱般的折磨。我们唯一能做的就是正视这种错误的存在，由错误中学习，以确保未来不再发生同样的憾事。人的一生中犯的错误有许多，要是对每一件事都深深地自责，一辈子都背着一大袋的罪恶感过活，你还能奢望自己走远吗？

"随它去吧！"智者说，"它不会持久的，没有一个错误会持久的！"

太阳光芒万丈但还有黑子，人非圣贤，孰能无过？做错了就应该正视自己的错误，勇敢承担责任，及时勉励，确保以后不再重犯。而不应推卸责任、想方设法为自己辩护或自责不已，无地自容，恨不得找个地缝钻进去……

犯一次错没什么大不了，原谅自己，相信自己下不为例，所谓聪明人不重复同样的错误，就是这个道理。若把时间、精力都放在自怨自艾、自暴自弃上，那你不但以后还会犯类似的错误，而且会对自己更没信心，把自己的生活搞得更加糟糕。

由于我们试图抓住一些无法挽回的不幸的事情，以及一些给我们带来痛苦、造成担忧和焦虑的事情，我们经历了不少折磨和痛苦！它们对我们是非常不利的，我们应该忘记它们，把它们打入历史的坟墓。不要因为悔恨过去而错过了未来更好的机会。

懂得爱自己、宽容自己，才是生活的智者。

打破思维的桎梏，放梦想一条生路

有时候，限制我们走向成功的，不是别人拴在我们身上的锁链，而是我们自己为自己设置的局限。高度并非无法超越，只是我们无法超越自己思想的限制；更没有人束缚我们，只是我们自己束缚了自己。

1968年，在墨西哥奥运会的百米赛场上，美国选手海恩斯撞线后，激动地看着运动场上的计时牌。当指示器打出"9.9秒"的字样时，他摊开双手，自言自语地说了一句话。

后来，有一位叫戴维的记者在回放当年的赛场实况时再次看到海恩斯撞线的镜头，这是人类历史上第一次在百米赛道上突破10秒大关。看到自己破纪录的那一瞬，海恩斯一定说了一句不同凡响的话，但这一最佳新闻点，竟被现场的400多名记者疏忽了。

因此，戴维决定采访海恩斯，问问他当时到底说了一句什么话。

戴维很快找到海恩斯，问起当年的情景，海恩斯竟然毫无印象，甚至否认当时说过什么话。

戴维说："你确实说了，有录像带为证。"

海恩斯看完戴维带去的录像带，笑了。他说："上帝啊，那扇门原来是虚掩的。"

谜底揭开后，戴维对海恩斯进行了深入采访。

自从欧文斯创造了10.3秒的成绩后，曾有一位医学家断言，人类的肌肉纤维所承载的运动极限，不会超过每秒10米。

海恩斯说："30年来，这一说法在田径场上非常流行，我也以为这是真理。但是，我想，自己至少应该跑出10.1秒的成绩。每天，我以最快的速度跑5公里，我知道百米冠军不是在百米赛道上练出来的。当我在墨西哥奥运会上看到自己9.9秒的纪录后，惊呆了。原来，10秒这个门不是紧锁的，而是虚掩的，就像终点那根横着的绳子一样。"

后来，戴维撰写了一篇报道，填补了墨西哥奥运会留下的一个空白。不过，人们认为它的意义不限于此，海恩斯的那句话，为我们留下的启迪更为重要。命运的门总是虚掩的，它会给我们留下一道开启的缝隙，可是我们情愿相信那是一堵不可穿越的墙。于是，我们独特的创意被自己抹杀，认为自己无法成功致富；告诉自己，难以成为配偶心目中理想的另一半，就无法成为孩子心目中理想的父母。然后，开始向环境低头，甚至开始认命、怨天尤人。

这一切都是我们心中那条系住自我的铁链在作祟罢了。或许，你必须耐心静候生命中来一场大火，逼得你非得选择挣断链条或甘心遭大火席卷。或许，你将幸运地选对了前者，在挣脱困境之后，语重心长地告诫后人，人必须经苦难磨炼方能得以成长。

其实，面对人生，你还有一种不同的选择。你可以当机立断，运用我们内在的能力，当下立即挣开消极习惯的捆绑，改变自己所处的环境，投入另一个崭新的积极领域中，使自己的潜能得以发挥。

你愿意静待生命中的大火，甚至甘心遭它席卷，低头认命？抑或立即在心境上挣开环境的束缚，获得追求成功的自由？

这项慎重的选择，当然得由你自行决定。

改变很难，不改变会一直很难

　　人的生命历程就像海浪一样，总是在高低起伏中前进。在前进的途中，有时我们会碰到一道又一道难以翻越的坎。这些坎就是我们人生的瓶颈，卡在这个瓶颈中，我们会有种既上不去又下不来的感觉。如果卡在那里的时间过长，恐怕我们的斗志将会被慢慢磨灭，甚至最后自我放弃。所以，我们要不断超越自己，突破我们人生的瓶颈。

　　20世纪80年代，百事可乐公司异军突起，使可口可乐公司遭到了强有力的挑战。为了扭转不利的竞争局面，塞吉诺·扎曼临危受命——经营可口可乐公司。

　　扎曼采取的策略是更换可口可乐的旧模式，标之以"新可口可乐"，并对其进行大肆宣传。但在新的营销策略中，扎曼犯了一个严重错误，他将老可口可乐的酸味变成甜味，没有考虑到顾客口味的不可变性，这就违背了顾客长久以来形成的习惯。结果，新可口可乐全线溃败，成为继美国著名的艾德塞汽车失利以来最具灾难性的新产品，以至79天后，"老可口可乐"就不得不重返柜台支撑局面——改名为"古典可乐"。

　　扎曼策略性的失败对他在公司的地位造成了巨大的负面影

响，不久，他就在四面的攻击声中黯然离职。在扎曼离开可口可乐公司后的14个月中，他非常愧疚，没有同公司中的任何人交谈过。对于那段不愉快的日子，他回忆道："那时候我真是孤独啊！"但是扎曼没有丧失希望、放弃自我。

世上没有永远的失败，失败只不过是成功人生的其中一个步骤而已，经历人生的瓶颈只是一时的，人生如果没有经历过挫折，那就不会享受到真正的成功，成功其实就是一连串失败的结果。对于扎曼来说就是这样。

在扎曼先生经过了一年多的瓶颈期后，他和另一个合伙人开办了一家咨询公司。他就用一台电脑、一部电话和一部传真机，在亚特兰大一间被他戏称为"扎曼市场"的地下室里，为微软公司和酿酒机械集团这样的著名公司提供咨询。后来，扎曼先生为微软公司、米勒·布鲁因公司为代表的一大批客户成功地策划了一个又一个发展战略。

最后，扎曼先生在咨询领域成绩斐然，此时可口可乐也来向他咨询，并请他回来整顿公司工作，可口可乐公司总裁罗伯特也承认："我们因为不能容忍扎曼犯下的错误而丧失了竞争力，其实，一个人只要运动就难免有摔跟头的时候。"

是啊，人生难免摔跟头，一时的失意并不可怕，只要不失去希望、失去志向，就能突破人生的瓶颈，赢得属于自己的一片天空。历史上许多伟人，许多成功者，都有过失意的时候，而他们都能够做到失意而不失志，都能做到胜不骄，败不馁。

蒲松龄一生梦想为官，可最终也没能如意，但他是幸运的，因为他能及时反省，能及时掉转人生的航向，找到他人生的另一片天空，这才有《聊斋志异》的流芳百世，他的大名也永载史册。

　　司马迁因李陵一案而官场失意，可他没有被打垮，不屈不挠的精神反而成就了他"史家之绝唱，无韵之离骚"的传世经典之作。

　　美国最伟大的总统林肯一生经历了无数失败和困苦，但他最终还是得到了成功女神的垂青，成为美国历史上与华盛顿齐名的伟人。试想，如果他不能坚持到最后，每一次失败都将有可能把他的未来之路堵死。

　　成功学家拿破仑·希尔认为："不管如何失败，都只不过是不断茁壮发展过程中的一幕。"一位哲人也说过："成功是由若干步骤组成的，人生低谷只是其中的某个步骤而已，如果在那里停止了前进的脚步，那将是非常愚蠢的。"

　　所以，面对人生的瓶颈，我们要坚定自己的志向，永远怀着希望与信念，以毫不妥协的精神突破这些瓶颈，走出人生的低谷。

不忘初心，方得始终

"生当作人杰，死亦为鬼雄。至今思项羽，不肯过江东。"
这是著名女词人李清照赞颂西楚霸王项羽的一首诗，诗中虽然充
满了豪情，但却难免给人英雄气短的感觉。试想一下，如果当年
项羽能够忍受一时的屈辱，过得江东之后重整人马，那么历史便
很有可能被改写。

而他的对手刘邦，则将一个"忍"字发挥到了极致。刘邦为
了将来的前程似锦，忍住浮华诱惑，锋芒暂隐，静待转机。这也
许正是他最终胜出项羽的原因。咸阳城内王室发生的剧变，已经
明显影响到了秦军的士气，恰逢刘邦招降，众士兵正中下怀，项
羽这边听说刘邦西征军已经接近武关的消息，也颇为着急。章邯
投降后，项羽不再有任何阻碍，率军火速攻向关中盆地的东边大
门——函谷关。

十月，刘邦军团进至灞上。咸阳城已完全没有了防卫的能
力，秦王子婴主动投降，秦王朝正式灭亡。

刘邦大军历尽千辛万苦终于进入咸阳，此时刘邦对日后称霸
天下有了莫大的野心和信心。

同时，面对扑面而来的荣华富贵，喜好享乐的他，竟然一时

忘乎所以，自然忍不住心动。想起年少时的狂言"大丈夫当如是也"，一切都这样不可思议地唾手可得。

刘邦本是无赖，进入咸阳城内，面对扑面而来的荣华富贵，一时有些忘乎所以。但在张良等人的劝说下，为了长远的未来，刘邦忍下了享受的心。

一个"忍"字的功夫怎生了得，它成全了刘邦，是刘邦成就霸业不可多得的秘密武器。而项羽，在民心方面，项羽明显不如刘邦。项羽嗜杀成性，不管对方是否投降，一律斩杀。他曾在一夜之间，设计歼害了二十万名秦国降军。项羽因为此事而在秦国人民心中臭名昭著。

项羽残杀秦国兵士，刘邦却与秦地父老约法三章，谁是谁非，天下人自然明白。刘邦轻易便为自己赢得了百姓的信任，项羽虽然勇猛，但是做一国之君的话，尚显粗莽。在这一节上，刘邦的功夫显然比项羽的功夫要到家。但是刘邦并非一忍再忍，还军灞上之后，仍对咸阳城念念不忘，从而犯下了一个致命的错误。

随后，刘邦在"鸿门宴"中更是将"忍"刻在了心头。这一场心理战，决定了最后的结局。刘邦在得知项羽要进攻的时候，镇定地用谎言骗住了项羽，使得项羽留给了刘邦一条生路。而项羽始终是轻敌的，尤其忽视了刘邦这个手下部将。他认为以刘邦的兵力，绝对不是他的对手。但是刘邦不跟他斗勇，刘邦喜欢斗智。

这就注定了项羽的悲剧命运。就勇猛来说，项羽力拔山兮气盖世；就智慧来说，项羽也不乏胆识与聪明；就实力来说，项羽是一代霸王，有过众望所归的气势。然而就是一个不能忍，破坏了全部的计划，影响了最终的结局，可见，"忍"字的力量无穷无尽。

　　小不忍则乱大谋，忍人一时之疑，一定之辱，一方面是脱离被动的局面，另一方面也是一种对意志、毅力的磨炼，为日后的发愤图强和励精图治奠定了一定的基础。而不能忍者，则要品尝自己急躁播下的苦果。

第四章

你和梦想的距离，只差一个

高情商的自己

ni suowei de jixian,
buguo shi
bieren de qidian

相信自己，便无所畏惧

既然别人无法完全模仿你，也不一定做得来你能做得了的事，试想，他们怎么可能给你更好的意见？他们又怎能取代你的位置，来替你做些什么呢？所以，这时你不相信自己，又有谁可以相信？

坚强的自信，常常使一些平常人也能够成就神奇的事业，成就那些天分高、能力强，但多虑、胆小、没有自信心的人所不敢尝试的事业。

你的成就大小，往往不会超出你自信心的大小。假如拿破仑没有自信，他的军队不会越过阿尔卑斯山。同样，假如你对自己的能力没有足够的自信，你也不能成就重大的事业。不企求成功、期待成功而能取得成功是绝不可能的，成功的先决条件就是自信。

自信心是比金钱、权势、家世、亲友等更有用的条件。它是人生可靠的资本，能使人努力克服困难，排除障碍，去争取胜利。对于事业的成功，它比任何东西都更有效。

假如我们去研究、分析一些有成就的人的奋斗史，我们可以看到，他们在起步时，一定有充分信任自己能力的坚强自信心。

他们的心情、意志，坚定到任何艰难险阻都不足以使他们怀疑、恐惧，他们也就能所向无敌了。

我们应该有"天生我材必有用"的自信，明白自己立于世，必定有不同于别人的个性和特色，如果我们不能充分发挥并表现自己的个性，这对于世界、对于自己都是一个损失。这种意识，一定可以使我们产生坚定的自信并助我们成功。

然而，没有人天生自信，自信心是志向，是经验，是由日积月累的成功哺育而成的。它来自经验和成功，又对成功起极大的推动作用。

也正因为自信并非天生，所以，自信可以从家庭中逐渐灌输或是自我培养。有些人认为成功者对自己的信心比较强，其实不见得。没有一个成功者不曾感到过恐惧、忧虑，只是他们在恐惧时都有办法克服恐惧感。大多数成功者有办法提升自己的自信。成功的人知道如何克服恐惧、忧虑，第一个方法就是唤起内心的自信。

成功者也并不是经常都能够击败恐惧与忧虑的，但是重要的是他们能够建立自信。一个阶段成功之后，接着才能想象下一个阶段。随着成功的不断累积，自信就会成为你性格的一部分。

幼时父母双亡的19世纪英国诗人济慈，一生贫困，备受文艺批评家抨击，他恋爱失败，身染痨病，26岁即去世。但济慈一生虽然潦倒不堪，却从来没有向困难屈服过。他在少年时代读到斯宾塞的《仙后》之后，就肯定自己也注定要成为诗人。一次他说："我想，我死后可以跻身于英国诗人之列。"济慈一生致力于这个最大的目标，并最终成为一位永垂不朽的诗人。

相信自己能够成功，成功的可能性就会大为增加。如果自己心里认定会失败，就很难获得成功。没有自信，没有目标，你就会俯仰由人，终将默默无闻。

由此可知自信对于一个人来说是多么重要，而它对于我们人生的作用也是多元而重要的，这主要表现在：

1. 自信心可以排除干扰，使人在积极肯定的心态支配下产生力量，这种力量能推动我们去思考，去创造，去行动，从而完成我们的使命，促成我们的成功。

2. 面对物欲横流的世界，面对许多不确定的因素，有信心的人能坚守自己的理想、信念而不动摇，从而按自己的心愿，找到通向成功和卓越的道路。

3. 信心赢得人缘。信心可以感染别人，一方面激发别人对你的认可，另一方面使更多的人获得信心。这样就容易赢得他人的好感，具有良好的人缘。而人缘好是人生的一大财富。

从古至今，人们出于创造更美好的生活的目的，对人的信心抱着崇高的期望。自信心的力量是巨大的，是追求成功者的有力武器。信心是成功的秘诀。拿破仑·希尔说："我成功，因为我志在战斗。"

不论一个人的天资如何、能力怎样，他事业上的成就总不会超过其自信所能达到的高度。如果拿破仑在率领军队越过阿尔卑斯山的时候，只是坐着说"我们是很难翻过这座山的"，无疑，拿破仑的军队永远不会越过那座高山。所以，无论做什么事，坚定不移的自信心都是通往成功之门的金钥匙。

自信比金钱、势力、出身、亲友更有力量，是人们从事任何事业最可靠的资本。自信能排除各种障碍、克服种种困难，能使事业获得完满的成功。有的人最初对自己有一个恰当的估计，自信能够处处胜利，但是一经挫折，他们却又半途而废，这是他们自信心不坚定的缘故。所以，树立了自信心，还要使自信心变得坚定，这样即使遇到挫折，也能不屈不挠、向前进取，绝不会因为一时的困难而放弃。

那些成就伟大事业的卓越人物在开始做事之前，总是会具有充分信任自己能力的坚定的自信心，深信所从事之事业必能成功。这样，在做事时他们就能付出全部的精力，破除一切艰难险阻，直达成功的彼岸。

经常在美国NBA联赛中出场的有支夏洛特黄蜂队，黄蜂队有一位身高仅1.6米的球员，他就是蒂尼·博格斯——NBA最矮的球星。博格斯这么矮，怎么能在巨人如林的篮球场上竞技，并且跻身大名鼎鼎的NBA球星之列呢？这是因为博格斯的自信。

博格斯从小就喜爱篮球，可因长得矮小，伙伴们都瞧不起他。有一天，他很伤心地问妈妈："妈妈，我还能长高吗？"妈妈鼓励他："孩子，你能长高，长得很高很高，会成为人人都知道的大球星。"从此，长高的梦像天上的云一样在他心里飘动着，每时每刻都在闪烁希望的火花。

"业余球星"的生活即将结束了，博格斯面临着更严峻的考验——1.6米的身高能打好职业赛吗？

　　蒂尼·博格斯横下一条心，要靠1.6米的身高闯天下。"别人说我矮，反而成了我的动力，我偏要证明矮个子也能做大事情。"在威克·福莱斯特大学和华盛顿子弹队的赛场上，人们看到蒂尼·博格斯简直就是个"地滚虎"，从下方来的球90%都被他收走，他是个儿矮，但他可以飞速地低运球过人……

　　后来，蒂尼·博格斯进入了夏洛特黄蜂队（当时名列NBA第三），在他的一份技术分析表上写着：投篮命中率50%，罚球命中率90%……

　　一份杂志专门为他撰文，说他个人技术好，发挥了矮个子重心低的特长，成为一名使对手害怕的断球能手。"夏洛特的成功在于博格斯的矮"，不知是谁喊出了这样的口号，许多人都赞同这一说法，许多广告商也推出了"矮球星"的照片，上面是博格斯淳朴的微笑。

　　他曾多次被评为该队的最佳球员。

　　博格斯至今还记得当年他妈妈鼓励他的话，虽然他没有长得很高很高，但可以告慰妈妈的是，他已经成为人人都知道的大明星了。

　　后来，这位矮星说，他要写一本传记，主要是想告诉人们："要相信自己，只有相信自己才能成功。"

　　这个故事告诉我们，名人也不是完美的，他们也不是生来就是自信的，他们也有过不自信的时候，但是，他们的成功在于他们不断地磨炼和提升了自己的自信，因此，只有把自信深深扎根于我们心中，我们才能更好地利用自信。那么，我们应该如何来培养自己的自信呢？

1. 建立自信，首先要了解自己，认识自己，根据自身的条件和现实环境，使自己的长处得到发挥。

2. 不论什么集会，都要鼓足勇气，坐到最前排。

3. 当别人和自己说话时，要正视对方的眼睛，要让对方感觉到你们是平等的，你有信心赢得他的敬重。

4. 通过提高自己走路的速度来改变自己的心情。

5. 养成主动与别人说话的习惯来增强自己的自信心。

6. 经常默读"有志者事竟成""积少成多，聚沙成塔"，"黑暗中总有一线光明"等励志的谚语，增强自己的自信心。

7. 经常放声大笑。

只要你还能去追，就应该不抱怨地前进

人生如同一只在大海中航行的帆船，掌握帆船的航向与命运的舵手便是自己。有的帆船能够乘风破浪，逆水行舟，而有的却经不住风浪的考验，过早地离开大海，或是被大海无情地吞噬。

之所以会有如此大的差别，不在别的，而是因为舵手对待生活的态度不同。前者被乐观主宰，即使在浪尖上也不忘微笑；后者是悲观的信徒，即使起一点风也会让他们胆战心惊，祈祷好几天。一个人或是面对生活闲庭信步，或是消极被动地忍受人生的凄风苦雨，都取决于对待生活的态度。

生活如同一面镜子，你对它笑，它就对你笑；你对它哭，它也以哭脸相示。

一个人快乐与否，不在于他处于何种境地，而在于他是否持有一颗乐观的心。对于同一轮明月，在泪眼蒙眬的柳永那里就是："杨柳岸，晓风残月。此去经年，应是良辰好景虚设。"而到了潇洒飘逸、意气风发的苏轼那里，便又成为："但愿人长久，千里共婵娟。"同是一轮明月，在持不同心态的不同人眼里便是不同的，人生也是如此。

上天不会给我们快乐，也不会给我们痛苦，它只会给我们生活的作料，调出什么味道的人生，那只能在我们自己。你可以选择从一个快乐的角度去看待它，也可以选择从一个痛苦的角度去看待它，同做饭一样，你可以做成苦的，也可以做成甜的。所以，你的生活是笑声不断，还是愁容满面，是披荆斩棘、勇往直前，还是缩手缩脚、停滞不前，这不在他人，都在你自己。

在人生的旅途上，我们必须以乐观的态度来面对失败。因为在人生之路上，一帆风顺者少，曲折坎坷者多，成功是由无数次失败构成的，正如美国通用电气公司创始人沃特所说："通向成功的路就是：把你失败的次数增加一倍。"但失败对人毕竟是一种"负性刺激"，总会使人产生不愉快、沮丧、自卑情绪。那么，如何面对、如何自我解脱，就成为能否战胜自卑走向自信的关键。

面对挫折和失败，唯有乐观积极的心态才是正确的选择。其一，做到坚忍不拔，不因挫折而放弃追求；其二，注意调整、降低原先脱离实际的"目标"，及时改变策略；其三，用"局部成功"来激励自己；其四，采用自我心理调适法，提高心理承受能力。

既然乐观的性格对于我们每一个人来说是如此之重要，那么，我们更应该注意加强对乐观心态的培养：

一、要心怀必胜、积极的想法

当我们开始运用积极的心态并把自己看成成功者时，我们就开始成功了。但我们绝不能仅仅因为播下了几粒积极乐观的种子，然后指望不劳而获，我们必须不断给这些种子浇水，给幼苗培土施肥，才会收获成功的人生。

二、用美好的感觉、信心与目标去影响别人

随着你的行动与心态日渐积极，你就会慢慢获得一种美满人生的感觉，信心日增，人生的目标也越来越清晰，而别人也会被你所吸引，进而被你所影响。

三、学会微笑

微笑是上帝赐给人类的专利，微笑是一种令人愉悦的表情。面对一个微笑着的人，你会油然感到他的自信、友好，同时这种自信和友好也会感染你，使你也油然而生出自信和友好来，使你和对方亲切起来。微笑可以鼓舞对方，可以融化人们之间的陌生和隔阂。

永远也不要消极地认为什么事都是不可能的。首先你要认为你能，然后去尝试再尝试，最后你发现你确实能。所以，把"不可能"从你的字典里去掉，把你心中的这个观念铲除掉。谈话中不提它，想法中排除它，态度中去掉它、抛弃它，不再为它提供理由，不再为它寻找借口，用"可能"代替它。

四、经常使用自动提示语

积极心态的自动提示语不是固定的，只要是能激励我们积极思考、积极行动的词语，都可以成为自我提示语。经常使用这种自我激发行动的语句，并融入自己的身心，就可以保持积极心态，抑制消极心态，形成强大的动力，进而达到成功的目的。

原谅生活，是为了更好地生活

我们在茫茫人世间，难免会与别人产生误会、摩擦。如果不注意，在我们轻动仇恨之时，仇恨袋便会悄悄成长，最终会导致堵塞了通往成功之路。所以我们一定要记着在自己的仇恨袋里装满宽容，那样我们就会少一分烦恼，多一分机遇。宽容别人也就是宽容自己。

学会宽容，对于化解矛盾、赢得友谊，保持家庭和睦、婚姻美满，乃至事业的成功都是必要的。因此，在日常生活中，无论对子女、对配偶、对同事、对顾客等都要有一颗宽容的爱心。

哲人说，宽容和忍让的痛苦能换来甜蜜的结果。这话千真万确。古时候有个叫陈嚣的人，与一个叫纪伯的人做邻居。有一天夜里，纪伯偷偷地把陈嚣家的篱笆拔起来，往后挪了挪。这事被陈嚣发现后，心想，你不就是想扩大点地盘吗，我满足你。他等纪伯走后，又把篱笆往后挪了一丈。天亮后，纪伯发现自家的地又宽出了许多，知道是陈嚣在让他，他心中很惭愧，主动找到陈家，把多侵占的地统统还给了陈家。

忍让和宽容说起来简单，可做起来并不容易。因为任何忍让和宽容都是要付出代价的，甚至是痛苦的代价。人的一生都会碰到个人的利益受到他人有意或无意的侵害的事情。为了培养和锻炼良好的素质，你要勇于接受忍让和宽容的考验，即使感情无法控制时，也要管住自己的大脑，忍一忍，就能抵御急躁和鲁莽，控制冲动的行为。如果能像陈嚣那样再寻找出一条平衡自己心理的理由，说服自己，那就能把忍让的痛苦化解，产生宽容和大度来。

生活中有许多事要当忍则忍，能让则让。忍让和宽容不是怯懦胆小，而是关怀体谅。忍让和宽容是给予，是奉献，是人生的一种智慧，是建立人与人之间良好关系的法宝。一个人经历一次忍让，会获得一次人生的亮丽；经历一次宽容，会打开一道爱的大门。

宽容是一种艺术，宽容别人不是懦弱，更不是无奈的举措。在短暂的生命中学会宽容别人，能使生活中平添许多快乐，使人生更有意义。当我们在憎恨别人时，心里总是愤愤不平，希望别人遭到不幸、惩罚，却又往往不能如愿，一种失望、莫名烦躁之后，使我们失去了往日那轻松的心境和欢快的情绪，从而心理失衡；另外，在憎恨别人时，由于疏远别人，只看到别人的短处，言语上贬低别人，行动上敌视别人，结果使人际关系越来越僵，以致树敌为仇。我们"恨死了别人"。这种嫉恨的心理对我们的不良情绪起了不可低估的作用。

而且，今天记恨这个，明天记恨那个，结果朋友越来越少，对立面越来越多，这会严重影响人际关系和社会交往，成为"孤家寡人"。这样一来，不仅负面生活事件越来越多，而且自身的承受能力也越来越差，社会支持则不断减少，以致情绪一落千丈，一蹶不振。可见，憎恨别人，就如同在自己的心灵深处种下了一粒苦种，不断伤害着自己的身心健康，而不是如己所愿地伤害被我们所憎恨的人。所以，在遭到别人伤害、心里憎恨别人时，不妨做一次换位思考，假如你自己处于这种情况，会如何应付？当你熟悉的人伤害了你时，想想他往日在学习或生活中对你的帮助和关怀，以及他对你的一切好处，这样，心中的火气、怨气就会大减，就能以包容的态度谅解别人的过错或消除相互之间的误会，化解矛盾，和好如初。这样，包容的是别人，受益的却是自己。自己就能始终在良好的人际关系中心情舒畅地学习与工作。

无论你一生中碰到如何不顺利的事情，遭遇到如何凄凉的境界，你仍然可以在你的举止之间显示出你的包容、仁爱，你的一生将受用无穷。

春秋时期，楚庄王是个既能用人之长又能容人之短的人。

在一次庆功会上，楚庄王的爱姬许姬为客人们倒酒。忽然一阵风吹来，把点燃的蜡烛刮灭了，大厅里一片漆黑。黑暗中有人拉了许姬飘舞起来的衣袖。聪明的许姬便趁势摘下了那个人的帽缨，接着便大声请求庄王掌灯追查。胸怀大度的庄王认为，这个臣子可能是酒后失态，不足为怪。庄王对许姬说："武将们是一群粗人，发了酒兴，又见了你这样的美人，谁能不动心？如果查出来治罪，那就没趣了。"他立即宣布，此事不必追查。还让在座的人都在黑暗中取下帽缨，并为这次宴会取名为"摘缨会"。

后来，吴国攻打楚国。有个叫唐狡的将军作战英勇，屡立战功。事后，他找到庄王，当面认罪说："臣乃先殿上绝缨者也！"

由于楚庄王胸襟开阔，宽厚容人，对下属不搞求全责备，于是才保住了人才，调动了他们最大的积极性。

其实，学着去宽容地对待别人和自己并没有我们想象中的那么难，在我们生活中的一些细节之处能做到以下几点就很不错了：

一、得理且饶人

不要抓住他人的错误或缺点不放，得饶人处且饶人，这样不仅会减少矛盾，也会提升自己的善良品质，进而会形成一种良好的社会风气。这种与人为善、悲悯众生的品德，正是人类生存所需要的美德。有缺陷，有急难，甚至有罪的芸芸众生，谁没有一处两处需要别人帮助呢？从根本上说，谁又有资格装出天主的样子来审判和惩罚他人呢？谁没有偶尔疏忽或急中出错，需要别人宽恕的时候呢？如果我们拘泥于这种低层次的偏执，则不仅会使他人尴尬难堪，悲从中生，也会让自己无端生仇。而且在人的这种相互计较中，社会阴暗面上升了。从某种意义上来说，向善大于任何对错是非和人间法律。记住这些话，不为难人，得饶人处且饶人。不仅对一般人，也包括那些与我们结有仇怨，甚至是怀有深仇大恨的人。做人要给他人善缘，对他人宽容。

二、爱我们的敌人

"爱我们的敌人"是一个颠扑不破的真理。在这个世界上，充满包容的心灵里是不会有任何敌人的。爱我们的敌人，这一处世之道包含了真知灼见，因为如果憎恨我们的敌人，只会使正在燃烧的怒火如火上浇油，而宽容则能熄灭我们的仇恨之火。

在我们身上有这样一种规则：用善意来回应善意，用凶残来回应凶残。即使是动物也会对我们的各种思想做出相应的反应。1个驯兽员通过亲切友好的善意，用1根细绳便能指挥一头野兽，但如果靠暴力，也许10个人都不能将这头野兽动一下。一个佛教徒说："如果一个人对我不怀好意，我将慷慨地施予我的包容、仁爱之意。他的邪恶意图越强，我的善良之意也就越多。"

三、善于自制

我们要宽容一个侵犯我们尊严、利益的人，这宽容中本来就包含着自制的内容。一个不能控制自己的人，往往情绪激动、指手画脚，就会把本来可以办成的事办砸了。这是成大事者的大戒。

因此，为人处世要以身作则。只有自己做好了，才能让别人信服，同样，只有有自制力的人，才能很好地宽容他人。

四、求同存异

人与人之间的冲突，很多是因为个性上的差异。其实，只要我们用宽容的心态求同存异，人际关系肯定会有很大改观。和人相处，如果总是强调差异，就不会相处融洽。强调差异会使人与人之间的距离越来越远，甚至最终走向冲突。

要减少差异，就要设身处地地为别人着想，以达成共识。为别人着想，就会产生同化，彼此间的关系就会更加融洽。如果把注意力放在别人和自己的共同点上，与人相处就会容易一些。同化就是找共同点。

用宽容之心把自己融进对方的世界，这个时候，无须恳求、命令，两人自然就会合作做某件事情。没有人愿意和那些跟自己作对的人合作。在人与人交往的过程中，每一个人都会有意无意地在想："这人是不是和我站在同一立场上？"人与人之间的关系，要么非常熟悉，要么非常冷漠；要么立场相同，要么南辕北辙。不管人和人有多么不同，在这一点上，你和你眼中的对手倒是一致的。唯有先站在同一立场上，两人才有合作的可能。就算是对手，只要你找出和他的共同利益关系，你们就可以走到一起来。

勇气不是没有恐惧，而是即使恐惧依旧坚持下去

一个人要想干成一番事业，不但会遭遇挫折，而且还会遭逢困难和艰辛。

困难只能吓住那些性格软弱的人。对于真正坚强的人来说，任何困难都难以迫使他就范。相反，困难越多，对手越强，他们就越感到拼搏有味道。黑格尔说："人格的伟大和刚强只有借矛盾对立的伟大和刚强才能衡量出来。"

在困难面前能否有迎难而上的勇气有赖于和困难拼搏的心理准备，也有赖于依靠自己的力量克服困难的坚强决心。许多人

在困境中之所以变得沮丧，是因为他们原先并没有与困难作战的心理准备，当进展受挫、陷入困境时便张皇失措，或怨天尤人，或到处求援，或借酒消愁。这些做法只能徒然瓦解自己的意志和毅力，客观上是帮助困难打倒自己。他们不打算依靠自己的力量去克服困难，结果，一切可以征服困难的可行计划便都被停止执行，本来能够克服的困难也变得不可克服了。还有的人，面对很强的困难不愿竭尽自己的全力，当攻不动困难时，便心安理得地寻找理由："不是我不努力，而是困难太大了。"不言而喻，这种人永远也找不到克服困难的方法。

问题不仅仅是生活中可以接受的一部分，而且对于阅历丰富的人而言，它也是必不可少的。如果你不能聪明地利用你的问题，就绝不会掌握任何技能。最重要的是，任何时候，你都不要退缩。如果你现在不去面对问题，不去解决它，那么，日后你终将遇到类似的问题。把你的失望降低到最低程度，你才会认识到，心灵上能够逾越困境才是受用一生的最大财富。

看到成功人士的成功，看到那份勇气，你会多少有点贪恋。正是这份勇气才使成大事者成功。他们在生活中跌倒，能够爬起来；他们在生活中被困扰，能够寻找出口。他们总是把自己过去的失败看作是一种勇气的复得。而你现在要做的就是找到这份勇气，去揭开生活的秘密。

1983年，布森·哈姆徒手攀壁，登上纽约的帝国大厦，在创造了吉尼斯纪录的同时，也赢得了"蜘蛛人"的称号。

美国恐高症康复联席会得知这一消息，致电"蜘蛛人"哈姆，打算聘请他做康复协会的顾问。

哈姆接到聘书后，打电话给联席会主席约翰逊，要他查一查第1042号会员，约翰逊很快就找到了1042号会员的个人资料，他的名字正是布森·哈姆。原来他们要聘请做顾问的这位"蜘蛛人"本身就是一位恐高症患者。

恐高症康复联席会主席约翰逊对此大为惊讶。一个站在二楼阳台上都心跳加快的人，竟然能徒手攀上400多米高的大楼，他决定亲自去拜访一下布森·哈姆。

约翰逊来到费城郊外的布森住所。这儿正在举行一个庆祝会，十几名记者正围着一位老太太拍照采访。

原来布森·哈姆94岁的曾祖母听说他创造了吉尼斯纪录，特意从100千米外的家乡徒步赶来，她想以这一行动为哈姆的纪录添彩。

谁知这一异想天开的做法，无意间竟创造了一个老人徒步行走的世界纪录。

有一位记者问她，当你打算徒步而来的时候，你是否因年龄关系而动摇过？

老太太精神矍铄，说，小伙子，打算一口气跑100千米也许需要勇气，但是走一步路是不需要勇气的，只要你走一步，接着再走一步，然后一步再一步，100千米也就走完了。约翰逊站在一旁，一下子明白了哈姆登上帝国大厦的奥秘，原来他有向上攀登一步的勇气。

是的，真正坚强的人，不但在碰到困难时不害怕困难，而且在没有碰到困难时，还积极主动地寻找困难，他们是具有更强的成就欲的人，是希望冒险的开拓者，他们更有希望获得成功。

要善于检验你人格的伟大力量。你应该常常扪心自问，在除了自己的生命以外，一切都已丧失了以后，在你的生命中还剩余些什么？即在遭受失败以后，你还有多少勇气？假使你在失败之后，从此振作不起，放手不干而自甘屈服，那么别人就可以断定，你根本算不上什么人物；但假如你能雄心不减、进步向前，不失望、不放弃，则可以让别人知道，你的人格之高、勇气之大，是可以超过你的损失、灾祸与失败的。

或许你要说，你已经失败很多次，所以再试也是徒劳无益；你跌倒的次数过多，再站立起来也是无用。对于有勇气的人，绝没有什么失败！不管失败的次数怎样多，时间怎样晚，胜利仍然是可期的。

当然，勇敢也是可以培养出来的。

英国现代杰出的现实主义戏剧家萧伯纳以幽默的演讲才能著称于世。可他在青年时，却羞于见人，胆子很小。若有人请他去做客，他总是先在人家门前忐忑不安地徘徊很久，却不敢直接去按门铃。

美国著名作家马克·吐温谈起他首次在公开场合演说时，说他那时仿佛嘴里塞满了棉花，脉搏快得像田径赛跑中争夺奖杯的运动员。

可是他们后来都成了大演说家，这完全是勇于训练的结果。要克服说话胆怯的心理，可以从以下几个方面做起：

1. 树立信心。只要树立信心，不怕别人议论，用自己的行动来鼓励自己，就肯定会获得成功。

2. 积极参加集体活动。参加集体活动是帮助克服恐惧感，减少退缩行为的好办法。

3. 客观评价自己。相信自己的才能，多肯定自己，并用积极进取的态度看待自己的不足，减少挑剔，摆脱自我束缚。

要克服与人交往、与人交谈的恐惧，以下几种方法是有效的训练手段：

1. 训练自己盯住对方的鼻梁，让人感到你在正视他的眼睛。

2. 径直迎着别人走上前去。

3. 开口时声音洪亮，结束时也会强有力；相反，开始时声音细弱，闭嘴时也就软弱。

4. 学会适时地保持沉默，以迫使对方讲话。

5. 会见一位陌生人之前，先列一个话题单子。

其实，勇气就是这么来的，越是困难的工作，越勇于承担，硬着头皮，咬紧牙关，强迫自己深入进去。随着时间的推移，会由开始的生疏到后来的熟练，由开始的紧张到后来的轻松，慢慢体会到自己的力量，增强自信心和勇气。

别人越泼你冷水，越要让自己热气腾腾

唯有坚忍不拔才能克服任何困难。一个人有了持久心，谁都会对他赋予完全的信任；有了持久心的人到处都会获得别人的帮助。对于那些做事三心二意、无精打采的人，谁都不愿信任或援助他，因为大家都知道他们做事靠不住。

探究一些人失败的原因，并不是他们没有能力、没有诚心、没有希望，而是因为他们没有坚忍不拔的持久心，这种人做起事来往往有头无尾、东拼西凑。他们怀疑自己是否能够成功，永远决定不了自己究竟要做哪一件事，有时他们看好了一种工作，以为绝对有成功的把握，但中途又觉得还是另一件事比较妥当顺利。这种人到头来总是以失败告终，对他们所做的事不仅别人不敢担保，而且连他们自己也毫无把握。他们有时对目前的地位心满意足，但不久后又产生种种不满的情绪。

坚忍，是克服一切困难的保障，它可以帮助人们成就一切事情，达到理想。

有了坚忍，人们在遇到大灾祸、大困苦的时候，就不会无所适从；在各种困难和打击面前，仍能顽强地生活下去。世界上没有其他东西可以代替坚忍，它是唯一的，是不可缺少的。

坚忍，是所有成就大事业的人的共同特征。他们中有的人或许没有受过高等教育，或许有其他弱点和缺陷，但他们一定都是坚忍不拔的人。劳苦不足以让他们灰心，困难不能让他们丧志。不管遇到什么曲折，他们都会坚持、忍耐着。

　　以坚忍为资本去从事事业的人，他们所取得的成功，比以金钱为资本的人更大。许多人做事有始无终，就是因为他们没有充分的坚忍力，使他们无法达到最终的目的。然而，一个伟大的人，一个有坚忍力的人却绝非这样。他不管任何情形，总是不肯放弃，不肯停止，而在再次失败之后，会含笑而起，以更大的决心和勇气继续前进。他不知失败为何物。

　　做任何事，是否不达目的不罢休，这是测验一个人品格的一种标准。坚忍是一种极为可贵的德行。许多人在情形顺利时肯随大众向前，也肯努力奋斗。但当大家都退出，都已后退时，还能够独自一人孤军奋战的人，才是难能可贵的。这需要很强的坚忍力。

　　对于一个希望获得成功的人，要始终不停地问自己："你有耐性、有坚忍力吗？你能在失败之后，仍然坚持吗？你能不管任何阻碍，一直前进吗？"

　　你只有充分发挥自己的天赋和本能，才能找到一条连接成功的通天大道。一个下定决心就不再动摇的人，无形之中能给人一种最可靠的保证，他做起事来一定肯于负责，一定有成功的希望。因此，我们做任何事，事先应打定一个尽善的主意，一旦主意打定之后，就千万不能再犹豫了，应该遵照已经定好的计划，按部就班地去做，不达目的绝不罢休。举个例子来说：一位建筑师打好图样之后，若完全依照图样，按部就班地去动工，一所理想的大厦不久就会成为实物；倘若这位建筑师一面建造，一面又把那张图样东改一下，西改一下，试问这所大厦还有成功之日吗？成功者的特征是：绝不因受到任何阻挠而颓丧，只知道盯住目标，勇往直前。世上绝没有一个遇事迟疑不决、优柔寡断的人能够成功。

获得成功有两个重要的前提：一是坚决，二是忍耐。人们最相信的就是意志坚决的人，当然意志坚决的人有时也许会遇到艰难，碰到困苦、挫折，但他绝不会惨败得一蹶不振。我们常常听到别人问："他还在干吗？"这就是说："那个人的前途还没有绝望。"

如何培养坚忍的性格？很简单，只要你确定人生的目标，专注于你的目标，那么你所有的思想、行动及意念都会朝着那个方向前进。韧性是身体健康的一部分，不管发生了什么情况，你必须具有坚持工作完成到底的能力。韧性是身体健康和精神饱满的一种象征，这也是你成为领导者并赢得卓越的驾驭能力所必需的一种个人品质。韧性是与勇气紧密相关的，当真正遇到困难时你所必备的一种坚持到底的能力，是既得具有可以跑上几千米的能力，还得具有百米冲刺的能力。韧性是需要忍受疼痛、疲劳、艰苦，并体现在体力上和精神上的持久力。

韧性是你在极其艰苦的精神和肉体的压力下所具有的长期从事卓有成效的工作能力，忍耐力是需要你长时间付出额外的努力的。坚忍是一种你想具备卓越的驾驭人的能力所必须培养的重要的个人品质。

别在该理性的时候太感性

理智表现为一种明辨是非、通晓利害以及控制自己行为的能力。具备这种能力，并且使之成为一种持续的倾向时，你便拥有了理智的性格。

凡是具备理性性格的人，性情稳定、思想成熟、思维全面、做事周密，因此成功的概率很高。

想必大家也都知道大名鼎鼎的索罗斯，他就是一个十分理性的人，也正是理性助他最终成功。

1969年，索罗斯与杰姆·罗杰斯合伙以25万美元起家，创立了"双鹰基金"，专门经营证券的投资与管理。1979年，他把"双鹰基金"更名为"量子基金"，以纪念德国物理学家海森伯。海森伯发现了量子物理中的"测不准原理"，而索罗斯对国际金融市场的一个最基本的看法就是"测不准"。这个在思想上缺乏天赋却曾苦苦研读哲学的知识分子，在投机行为大获成功之后再一次确定了他的观点：金融市场是毫无理性可言的。

索罗斯曾经说过："测不准理论有其合理的地方。人类发展的过程不是直线的，而是一个反复选择的过程。这个反复选择基本上是一个循环。人类的决策在很大程度上决定了历史进程，反过来，历史的进程又影响领导人和个人做出针对这个大的社会环境的决策。"所以，测不准是金融市场最基本的原则。

他曾经坦言，在亚洲金融风暴中，他也亏了很多。因为他也测不准，他也出错了。所以，短期的投资走向他不预测，因为太容易证明自己的判断是错误的。

20世纪70年代后期，索罗斯的基金运作十分成功。

1992年9月1日，他在曼哈顿调动了100亿美元，赌英镑下跌。当时，英国经济状况越来越糟，失业率上升，通货膨胀加剧。梅杰政府把基金会的大部分工作交给了年轻有为的斯坦利·杜肯米勒管理。杜肯米勒针对英财政的漏洞，想建一个30亿到40亿美元的放空英镑的仓位，索罗斯的建议是将整个仓位建在100亿美元左右，这是"量子基金"全部资本的一倍多。索罗斯必须借30亿美元来一场大赌博。

最终，索罗斯胜了。9月16日，英国财务大臣拉蒙特宣布提高利率。这一天被英国金融界称为"黑色星期三"。

杜肯米勒打电话告诉索罗斯，他赚了9.58亿美元。事实上，索罗斯这次赚得近20亿美元，其中10亿来自英镑，另有10亿来自意大利里拉和东京的股票市场。整个市场卖出英镑的投机行为击败了英格兰银行，索罗斯是其中一股较大的力量。在这次与英镑的较量中，索罗斯等于从每个英国人手中拿走了12.5英镑。但对大部分英国人来说，他是个传奇英雄，英国民众以典型的英国式作风说："他真行，如果他因为我们政府的愚蠢而赚了10亿美元，那他一定很聪明。"

索罗斯曾把他的投资理论写成《金融炼金术》一书，阐述了他关于国际金融市场"对射理论"和"盛衰理论"的认识。他认为参与市场者的知觉已影响了他们参与的市场，市场的动向又影响他们的知觉，因此他们无法得到关于市场的完整的认识，但市场有自我强化的功能，繁盛中有衰落的前奏。

在索罗斯走向成功的过程中，理性的思考、判断、分析、选择起到了至关重要的作用。任何成功都是一个复杂的过程，缺乏这样的理性前提，成功就是无源之水、无本之木。成功在某种程度上可以说是理智的产物。

要培养自己理智的性格，主要把握以下两个方面：

一、学会理性思考

对于一个追求成功的人来说，培养理性思考的习惯十分重要。善于理性思考的人遇事不乱，能够保持冷静的头脑，能够具有良好的判断能力。

英国商人杰克到中国来旅游，看到大街上的人都显得很匆忙，于是问导游："为什么他们看上去这么匆忙？有很多事要做吗？需要多少时间？"导游回答说："他们早上去上班，每天工作8小时，加上路上时间，少说也得十来个小时，这是很正常的现象啊。难道你们不忙吗？"

杰克说："并不像你想的那样，真正善于思考的人应该生活得清闲又富余，做1小时的工作所得的报酬超过一般人做10小时的所得。这些人整天忙忙碌碌，累了就睡，醒来又工作，根本不给自己思考的时间，生活的状况也就无法改变。如果他们能多一点思考，一定不会如此忙碌，也不会平平淡淡地过完这一生。"

这位商人的话形象地说明，如果充分发挥理性思考的作用，将从本质上改变我们的人生。

二、由表及里

一个不能透过表面现象看到事物本质的人不会是成功者。

加利福尼亚曾经出现过一股淘金热潮，年仅17岁的约翰也加入此次浪潮之中。他来到加利福尼亚以后，却发现加州并不是遍地黄金，更重要的是人们淘金的山谷水源奇缺，于是在经过理性分析后，决定避开热潮，不去淘金，而是去找水源。几经周折，约翰终于找到了水源。众多淘金者终日劳累，也不可能挖到多少金矿。而他为这些人提供饮水，却成为一位富翁。

理智的性格，应该是不为表象所迷惑，而是从现象到本质，由表及里，这样才会获得与众不同的成功。

不仅如此，理性的人还十分擅长理财，他们总是运用他们的理性来进行理财，从而让自己变得富裕。因此，运用理性进行理财也是我们应该去学习的一个方面。

1. 制订详细的预算计划并养成习惯，然后按照计划去执行。

2. 减少手头的现金。

手头的闲钱少了，头脑发热的消费、财大气粗的消费、互相攀比的消费、虚荣的消费就都少了，能免则免，小钱也能积累成大钱。

3. 养成勤俭节约的习惯。

从点滴做起，节省开支，不管开源做得怎么样，节流总是不错的。从现在开始，应该慢慢培养自己对金钱的感觉，理解了钱的重要性，就会注意自己的开支。没有计划和预算的花费，是对自己辛苦劳动的否定。

ni suowei de jixian,
buguo shi
bieren de qidian

第五章

走好选择的路，别选择好走的路

不能选择出身，但可以选择未来

　　我们一生下来就被确定出身，无法选择。也许我们出身贫寒，也许有的人一生下来就身患疾病，这些不幸会让人感到沮丧。然而这些并不是最重要的，因为改变命运的权利是掌握在我们自己手中的。人生奋斗之路，我们无法选择起点，但是我们可以选择方向。

　　20多岁的年轻人应该清楚地认识到自己的出身和过去不是最重要的，重要的是如何把握现在和将来，选择要走一条什么样的路。

　　威尔玛·鲁道夫从小就"与众不同"，因为小儿麻痹症，不要说像其他孩子那样欢快地跳跃奔跑，就连平常走路都做不到。寸步难行的她非常悲观和忧郁。随着年龄的增长，她的忧郁和自卑感越来越重，她甚至拒绝所有人的靠近。但也有例外，邻居家的残疾老人是她的好伙伴。老人在一场战争中失去了一只胳膊，但他非常乐观，她也喜欢听老人讲故事。

　　有一天，她被老人用轮椅推着去附近的一所幼儿园，操场上孩子们动听的歌声吸引了他俩。当一首歌唱完，老人说道："让我们为他们鼓掌吧！"她吃惊地看着老人，问道："我的胳膊动不了，你只有一只胳膊，怎么鼓掌啊？"老人对她笑了笑，解开衬衣扣子，露出胸膛，用手掌拍起了胸膛……

那是一个初春的早晨，风中还有几分寒意，但她突然感觉自己的身体里涌起一股暖流。老人对她笑了笑，说："只要努力，一个巴掌也可以拍响。你一定能站起来的！"那天晚上，她让父亲写了一张纸条贴在墙上："一个巴掌也能拍响！"从那之后，她开始配合医生做运动。无论多么艰难和痛苦，她都咬牙坚持着。有一点进步了，她又以更大的受苦姿态，来求更大的进步。甚至父母不在家时，她自己扔开支架，试着走路……蜕变的痛苦牵扯到筋骨。她坚持着，相信自己能够像其他孩子一样行走、奔跑。11岁时，她终于扔掉支架，开始向另一个更高的目标努力着：锻炼打篮球和参加田径运动。

1960年，罗马奥运会女子100米决赛，当她以11.18秒的成绩第一个撞线后，掌声雷动，人们都站起来为她喝彩，齐声欢呼着她的名字："威尔玛·鲁道夫！威尔玛·鲁道夫！"那一届奥运会上，威尔玛·鲁道夫成为当时世界上跑得最快的女人，她共摘取了3枚金牌，也是第一个黑人奥运女子百米冠军。

威尔玛·鲁道夫一出生就不幸患上了小儿麻痹症，曾很长一段时间对此感到沮丧，但最终她还是选择了坚强，选择了与疾病做斗争。最终她战胜了疾病，并且创造了辉煌。

有这样一则笑话：

一天，在一座监狱门前站着3个人。他们将一起在这里度过3年的时光。监狱长允许他们3个人一人提一个要求。那个美国人爱抽雪茄，要了3箱雪茄；那个法国人非常浪漫，要了一个美女为伴；而那个犹太人却提出，他要一部能够和外界沟通的电话。3年很快就过去了。第一个冲出来的是美国人，嘴巴和鼻孔里都塞满了雪茄，一边跑，一边大声地嚷嚷："给我火，给我火！"原来他进来的时候忘了跟监狱长要火了。接着，那个法国人也和他的美人出来了。他左手抱着一个小孩，右手和那位美女共同牵着一个小孩。美女挺着个大肚子，还怀着一个小孩。最后出来的是那个犹太人，他快步走到监狱长面前，紧紧地握住监狱长的手说："太感谢您了！在这里我学到了更多的、更新的经商理念。这3年来，我能够时刻与外界保持联系，生意不但没有受到损失，反而增长了两倍。"这位犹太人挺了挺胸膛，说道："为了表示感谢，我送你一辆奔驰！"

出身不是最重要的，命运可以自己选择，关键看你如何行动。

决定你一生的不是努力，而是选择

20多岁以后，一路走来，我们身边不乏这样的人：每晚秉烛夜读，可学习成绩始终平平，没有很大的进步；工作兢兢业业、勤勤恳恳，可业绩还是丝毫没有起色……

我们站着不比别人矮，躺着不比别人短，吃的也不比别人少，但为什么就是干得没有别人出色呢？方法的选择是一个很重要的因素，做好选择远比盲目努力要好。

有一个非常勤奋的青年，很想在各个方面都比身边的人强。可经过多年的努力，仍不见有什么成就，这让他很苦恼。于是他决定去请教一位高僧，希望能从那里得到一些指点。

那位高僧明白年轻人的来意后，叫来正在砍柴的3个弟子，嘱咐说："你们带这个施主到五里山，打一担自己认为最满意的柴火。"于是年轻人和3个弟子沿着门前湍急的江水，直奔五里山。

他们返回时，高僧正在原地迎接他们。年轻人满头大汗、气喘吁吁地扛着两捆柴，蹒跚而来；两个弟子一前一后，前面的弟子用扁担左右各担4捆柴，后面的弟子轻松地跟着。正在这时，从江面驶来一个木筏，载着小弟子和8捆柴火，停在高僧的面前。

年轻人和两个先到的弟子，你看看我，我看看你，沉默不语。唯独划木筏的小徒弟，与高僧坦然相对。智者见状，问："怎么啦，你们对自己的表现不满意？"

"大师，让我们再砍一次吧！"那个年轻人请求说，"我一开始就砍了6捆，扛到半路，就扛不动了，扔了两捆；又走了一会儿，还是压得喘不过气，又扔掉两捆；最后，我就把这两捆扛回来了。可是，大师，我已经很努力了。"

"我和他恰恰相反，"那个大弟子说，"刚开始，我俩各砍两捆，将4捆柴一前一后挂在扁担上，跟着这个施主走。我和师弟轮换担柴，不但不觉得累，反倒觉得轻松了很多。最后，又把施主丢弃的柴挑了回来。"

刘木筏的小弟子接过话，说："我个子矮，力气小，别说两捆，就是一捆，这么远的路也挑不回来，所以，我选择走水路……"

高僧用赞赏的目光看着弟子们，微微点头，然后走到年轻人面前，拍着他的肩膀，语重心长地说："一个人要走自己的路，本身没有错，关键是怎样走；走自己的路，让别人去说，也没有错，关键是走的路是否正确。年轻人，你要永远记住：选择比努力更重要。"

要想真正把一件事情做得得心应手，青少年就要学会选择正确的人生目标，因为只有正确的航向才能到达成功的彼岸。当发现自己已与目标背道而驰时，不要犹豫，放弃它，去寻找属于自己的正确方向，然后把握它。

人生的最大悲剧不是无法实现自己的目标，而是目标有了，却选择了一条错误甚至是与之相悖的道路，然后一条道走到黑。这样的话，你所做的全部努力都将白费。

从前有个小村庄，村里除了雨水没有任何水源，为了解决这个问题，村里的人决定对外签订一份送水合同，以便每天都能有人把水送到村子里。有两个人愿意接受这份工作，于是村里的长者把这份合同同时给了这两个人。

得到合同的两个人中有一个叫艾德，他立刻行动了起来。

他每日奔波于1里外的湖泊和村庄之间，用他的两只桶从湖中打水运回村子，并把打来的水倒在由村民们修建的一个结实的大蓄水池中。每天早晨他都比其他村民起得早，以便当村民需要用水时，蓄水池中已有足够的水供他们使用。由于起早贪黑地工作，艾德很快就开始挣钱了。尽管这是一项相当艰苦的工作，但是艾德很高兴，因为他能不断地挣钱，并且他对能够拥有两份专营合同中的一份而感到满意。

另外一个获得合同的人叫比尔。令人奇怪的是自从签订合同后比尔就消失了，几个月来，人们一直没有看见过比尔。这点令艾德兴奋不已，由于没人与他竞争，他挣到了所有的水钱。

比尔干什么去了？他做了一份详细的商业计划书，并凭借这份计划书找到了4位投资者，一起开了一家公司。6个月后，比尔带着一个施工队和一笔投资回到了村庄。花了整整一年的时间，比尔的施工队修建了一条从村庄通往湖泊的大容量的不锈钢管道。这个村庄需要水，其他有类似环境的村庄一定也需要水。于是比尔重新制订了他的商业计划，开始向全国甚至全世界的村庄推销他的快速、大容量、低成本并且卫生的送水系统，每送出一桶水他只赚1便士，但是每天他能送几十万桶水。无论他是否工作，几十万的人都要消费这几十万桶的水，而所有的钱都流入了比尔的银行账户中。显然，比尔不但开发了使水流向村庄的管道，而且还开发了一个使钱流向自己钱包的管道。从此以后，比尔幸福地生活着，而艾德在他的余生里仍拼命地工作，最终还是陷入了"永久"的财务问题中。

　　同样是在工作，有些人只懂勤勤恳恳，循规蹈矩，终其一生也成就不大。而有些人却在努力寻找一种最佳的方法，在有限的条件下发挥才智的作用，将工作做到最完美。不可否认，勤奋和韧性是解决问题的必要条件，但是除此之外，我们还应当运用自己的智慧做好选择。

正确的方法，比坚持的态度更重要

　　"愚公移山"的故事，老少皆知。我们钦佩愚公的干劲、执着，但同时也有人抱质疑态度：愚公搬一次家，又何至于让子子孙孙都辛苦一生？

　　工作中，许多人常咬紧"青山"不放松，永不轻言放弃，却只能头破血流、两败俱伤。变一回视线，换一次角度，找一下方法，将会"柳暗花明又一村"。

　　小马到一家公司去推销商品。他恭敬地请秘书把名片交给董事长，正如他所料，董事长还是把名片丢了回来。"怎么又来了！"董事长有些不耐烦。无奈，秘书只得把名片退还给立在门外受尽冷落的小马，但他毫不在意地再次把名片递给秘书。"没关系，我下次再来拜访，所以还是请董事长留下名片。"

拗不过小马的坚持，秘书硬着头皮，再进办公室，董事长火了，将名片撕成两半，丢给秘书。秘书不知所措地愣在当场，董事长更生气了，从口袋拿出10元钱说道："10元钱买他一张名片，够了吧！"哪知当秘书递还给业务员名片与钞票后，小马很开心地高声说："请你跟董事长说，10元钱可以买两张我的名片，我还欠他一张。"随即他再掏出一张名片交给秘书。突然，办公室里传来一阵大笑，董事长走了出来说道："这样的业务员不跟他谈生意，我还找谁谈？"说着把小马请进了办公室。

大多数情况下，正确的方法比坚持的态度更有效、更重要。坚持固然是一种良好的品性，但在有些事上，过度的坚持反而会导致更大的浪费。因此，在做一件事情时，在没有胜算的把握和科学根据的前提下，应该见好就收，知难而退。

某个国家的火箭研制成功后，科学家选定一个海岛做发射基地。经过长久的准备，进入可以实际发射的阶段时，海岛的居民却反对火箭在此发射。于是全体技术人员总动员，反复地与岛上居民谈判、沟通，以寻求他们的理解。可是，交涉进展十分不顺利，最后终于说服了岛上的居民，但前后花费了3年的时间。

后来大家重新检讨这件事情时，发现火箭的发射并不是非这个海岛不行。当时如果把火箭运到别的地方，那么，3年前早就发射完成了。可是当时所有人都执着于说服岛民，所以才连"换个地方"这么简单的方法都没有想到。

当你发现自己处于一个进退两难的境地，做出一定努力之后事情仍无转机时，最明智的办法就是抽身退出，寻找其他的成功机会。

　　在形形色色的问题面前，在人生的每一次关键时刻，聪明的企业员工会灵活地运用智慧，做出最正确的判断，选择属于自己的正确方向。同时，他会随时检视自己选择的角度是否产生偏差，适时地进行调整，而不是以坚持到底为圭臬，只凭一套哲学，便欲强渡职场中所有的关卡。20多岁的年轻男人在奋斗的路上，应当时时留意自己执着的意念是否与成功的法则相抵触。追求成功，并不意味着我们必须全盘放弃自己的执着，去迁就成功法则，但若能适时在意念、方法上做灵活的修正，我们将离成功越来越近。

恐惧不是魔鬼，但它总在我们心里作祟

　　我们的恐惧情绪，有一部分是来自怕犯错误。我们总是小心翼翼地往前迈进，生怕迈错一步，给自己带来悔恨和失败。其实，错误是这个世界的一部分，与错误共生是人类不得不接受的命运。

　　错误并不总是坏事，从错误中汲取经验教训，再一步步走向成功的例子也比比皆是。因此，当出现错误时，我们应该像有创

造力的思考者一样了解错误的潜在价值，然后把这个错误当作垫脚石，从而产生新的创意。

事实上，人类的发明史、发现史到处充满了错误假设和失败观念。哥伦布以为他发现了一条到印度的捷径；开普勒偶然间得到行星间引力的概念，他这个正确假设正是从错误中得到的；再说爱迪生还知道上万种不能制造电灯泡的方法呢。

错误还有一个好用途，它能告诉我们什么时候该转变方向。比如你现在可能不会想到你的膝盖，因为你的膝盖是好的；假如你折断一条腿，你就会立刻注意到你以前能做且认为理所当然的事，现在都没法做了。假如我们每次都对，那么我们就不需要改变方向，只要继续进行目前的方向，直到结束。

不要用别人走过的路来作为自己的依据，要知道，自己若不去验证，你永远都不知道那是不是一个错误的依据。

其实，你也可以用反躬自问的方式来驱赶错误带给你的恐惧，例如，我从错误中可以学到什么？你可以测试你认为犯下的错误然后把从中得到的教训详列出来。千万别放弃犯错的权利，否则你便会失去学习新事物以及在人生道路上前进的能力。你要牢记，追求完美心理的背后隐藏着恐惧。当然，也有利于追求完美就是无须冒着失败和受人批评的危险。不过，你同时会失去进步、冒险和充分享受人生的机会。说来奇怪，敢于面对恐惧和保留犯错误权利的人，往往生活得更快乐和更有成就。

马尔登曾说过："人们的不安和多变的心理，是现代生活多发的现象。"他认为，恐惧是人生命情感中难解的症结之一。面对自然界和人类社会，生命的进程从来都不是一帆风顺、平安无事的，总会遭到各种各样意想不到的挫折、失败和痛苦。当一个人预料将会有某种不良后果产生或受到威胁时，就会产生这种不愉快情绪，并为此紧张不安，忧虑、烦恼、担心、恐惧，程度从轻微的忧虑一直到惊慌失措。

最坏的一种恐惧，就是常常预感着某种不祥之事的来临。这种不祥的预感，会笼罩着一个人的生命，像云雾笼罩着爆发之前的火山一样，束缚住我们的手脚，让我们失去挣扎的力量，而被死死地困在里面。

成长，本就是个孤立无援的过程

一个人，不管你想要在哪个方面获得成功，也不管你能够获得成功的条件和环境有多么好，如果你不能突破自我便不能成功。

伏尔泰说："不经历巨大的痛苦，不会有伟大的事业。"我们每做一件事，都会在自我心中形成一个障碍，直至完成，这些障碍都会一直存在，很多人因此而陷入失败。

很多人花费许多力气去找寻"无法成功"的原因，其实他们不知道自我设限就是主要原因。

因此，在面临生活中这样那样的不如意时，不妨将这些不如意当作一次突破自我的机会，勇敢地跨越自我的极限，生命就会更上一层楼。

德山禅师在尚未得道之时曾跟着龙潭大师学习，日复一日地诵经苦读让德山有些忍耐不住，一天，他跑来问师父："我就是师父翼下正在孵化的一只小鸡，真希望师父能从外面尽快地啄破蛋壳，让我早日破壳而出啊！"

龙潭笑着说："被别人剥开蛋壳而出的小鸡，没有一个能活下来的。母鸡的羽翼只能提供让小鸡成熟和有破壳力的环境，你突破不了自我，最后只能胎死腹中。不要指望师父能给你什么帮助。"

德山听后，满脸迷惑，还想开口说些什么，龙潭说："天不早了，你也该回去休息了。"德山撩开门帘走出去时，看到外面非常黑，就说："师父，天太黑了。"龙潭便给了他一支点燃的蜡烛，他刚接过来，龙潭就把蜡烛熄灭，并对德山说："如果你心头一片黑暗，那么，什么样的蜡烛也无法将其照亮啊！即使我不把蜡烛吹灭，说不定哪阵风也要将其吹灭！只要点亮一盏心灯，天地自然一片光明。"

德山听后，如醍醐灌顶，后来果然青出于蓝，成了一代大师。

鹰是世间寿命最长的鸟类，它一生的年龄可达70岁。在40岁时，它如果要继续活下去，必须经历一次痛苦的重生。

当鹰活到40岁时，它的爪子开始老化，不能有力地抓住猎物。它的喙开始变得又长又弯，几乎触到胸膛。它的翅膀也开始变得沉重，因为它的羽毛长得又浓又厚，飞翔都显得有些吃力。

这时它只有两种选择：等死，或开始一次痛苦的重生——150天漫长的折磨。它必须很卖力地飞到山顶，在悬崖上筑巢，停留在那里，不能飞翔。

鹰首先用它的喙击打岩石，直到喙完全脱落。然后静静地等待新的喙长出来。它会用新长出的喙把指甲一根一根地拔出来。当新的指甲长出来后，就再把羽毛一根一根地拔掉。5个月以后，新的羽毛长出来了，鹰经历了一次再生。

如果40岁的鹰选择逃避，那么等待它的就是生命的枯萎，它唯有选择经历苦痛，生命才能得以再生。重生与成功的道路上注定会荆棘密布。

人生道路上，每一次辉煌的背后肯定都有一个凤凰涅槃的故事，世上没有不弯的路，人间没有不谢的花。折磨原本就是生命旅途中一道不可或缺的风景。

生命，总是在各种各样的折磨中茁壮成长。

能让你度过黑暗的，只有自己亲手点亮的光芒

只有历经折磨的人，才能够更快、更好地成长，生活，只能在折磨中得到升华。

自从人被赶出了伊甸园，人的日子就不好过了。在人的一生当中，总会遇到失业、失恋、离婚、破产、疾病等厄运，即使你比较幸运，没有遭遇以上那些厄运，你也可能要面临升学压力、工作压力、生活压力等各种烦心事，这些事在人生的某一时期萦绕在你的周围，时时刻刻折磨着你的心灵，使你寝食难安。

　　法国作家杜伽尔曾说过这样一句话："不要妥协，要以勇敢的行动，克服生命中的各种障碍。"

　　被誉为"经营之神"的松下幸之助并不是一个社会的幸运儿，不幸的生活却促使他成为一个永远的抗争者。家道中落的松下幸之助9岁起就去大阪做一个小伙计，父亲的过早去世使得15岁的他不得不挑起生活的重担，寄人篱下的生活使他过早地体验了做人的艰辛。

　　1910年，松下幸之助独自来到大阪电灯公司做一名室内安装电线练习工，一切从头学起。不久，他诚实的品格和上乘的服务赢得了公司的信任。22岁那年，他晋升为公司最年轻的检验员。就在这时，他遇到了人生最大的挑战。

　　松下幸之助发现自己得了家族病，已经有9位家人在30岁前因为家族病离开了人世，这其中包括他的父亲和哥哥。当时的境况使他不可能按照医生的吩咐去休养，只能边工作边治疗。他没了退路，反而对可能发生的事情有了充分的精神准备，这也使他形成了一套与疾病做斗争的办法：不断调整自己的心态，以平常之心面对疾病，调动机体自身的免疫力、抵抗力与病魔斗争，使自己保持旺盛的精力。这样的过程持续了一年，他的身体变得结实起来，内心也越来越坚强，这种心态也影响了他的一生。

患病一年以来的苦苦思索，希望改良插座得到公司采用的愿望受挫的打击，使他下决心辞去公司的工作，开始独立经营插座生意。

一次又一次的打击并没有击垮松下幸之助，他享年94岁高龄，这也向人们表明，一个人只有从心理上、道德上成熟起来，他才可以长寿。他之所以能够走出遗传病的阴影，安然渡过企业经营中的一个个惊涛骇浪，得益于他永葆一颗年轻的心，并能坦然应对生活中的各种挫折的折磨。松下幸之助说过："你只要有一颗谦虚和开放的心，你就可以在任何时候从任何人身上学到很多东西。无论是逆境或顺境，坦然的处世态度，往往会使人更聪明。"

人生在天地之间，就要面临各种各样的压力，这些压力对人形成一种无形的折磨，使很多人觉得人生在世就是一种苦难。

其实，我们远不必这么悲观，生活中有各种各样的折磨人的事，但是生命不一直在延续吗？人类不也一直在前进吗？很多事情当我们回过头来再去看的时候，就会发现，生命历经折磨以后，反而更加欣欣向荣。

事实就是这样，没有经过风雨折磨的禾苗永远不能结出饱满的果实，没有经过折磨的雄鹰永远不能高飞，没有经过折磨的士兵永远不会当上元帅，没有被老板、上司折磨过的员工也永远不能提高业务能力……这就是自然界告诉我们的一个很简单的道理：一切事物如果想要变得更强，必须经过折磨。

人也一样，只有历经折磨的人，才能够更快、更好地成长。生活，永远只能在折磨中得到升华。

你不能倒下，身后都是看你笑话的人

到了一个阴森森、黑漆漆的地方，我们会感到毛骨悚然，心跳加速，好像危险的事就要发生，于是步步惊魂，随时提高警惕，严阵以待，但是到了最后，往往什么事也没发生，自始至终，都是我们自己在吓自己。所有紧张、恐惧的情绪其实全都来自自己的想象。

小光刚到深圳打工时，在一家酒吧做服务生。

自第一天上班，老板便特别提醒小光："我们这一带有一个人，经常来白吃白喝，心情不好的时候，还会把人打得遍体鳞伤，因此，如果你听到别人说他来了，你什么也别想，想尽办法赶快跑就对了。因为这个人实在太蛮横了，连警察都不放在眼里，上一个酒保被他打伤，到现在还躺在医院里。"

某一天深夜，酒吧外面忽然一阵大乱，有人告诉小光说那个经常闹事的人来了。

当时，小光正在上厕所，等到他走出来时，酒吧里的客人、员工早就跑得干干净净，连个影子也见不到了。

这时，只听见"砰"的一声，前门被人踢开了，一个凶神恶煞般的男人大步走进门。他的脸上有一道刀疤，手臂上的刺青一直延伸到后背。

他二话不说，气势汹汹地在吧台前坐了下来，对小光吼道："给我来一杯威士忌。"

小光心想，既然已经来不及逃跑了，不如就试着赔笑脸，尽量讨这个人的欢心，以保全自己吧！于是，他用颤抖的双手，战战兢兢地递给那个男人一杯威士忌。

男人看了小光一眼，一口气把整杯酒饮干，然后重重地把酒杯放下。

看到这一幕，小光的心脏简直快要跳出来了，若不是酒吧里还放着音乐，他的心跳声一定会被人听见。小光勉强鼓起勇气，小声地问道："您……您要不要再来一杯？"

"我没那时间！"男人对着他吼道，"你难道不知道那个喜欢闹事的人就要来了吗？"

不久之后，那个男人就走了，小光这才重重地舒了一口气。小光这才发现，其实那个人并不可怕，只是人们无形之中把恐惧扩大了。

很多时候，人们就像案例中的小光一样，待事情结束后才发现恐惧是自己制造的。

对于我们来说，世界是一个宏大的舞台，其中就有很多镁光灯照不到的地方，而我们有的时候就被迫到这些带给我们不安的黑暗中去跳舞，想象着各种危险，有的时候甚至逃避着这一切。

其实这个社会中不仅仅只有你一个人面临这些焦虑和恐惧，很多人都曾在某个时刻被突如其来的未知恐惧所打垮。

与陌生人的交往就是这么一种典型状况，我们把陌生人想象成很可怕的样子，然后害怕与他们交往。

一份来自美国的研究资料称，约有40%的美国人在社交场合感到紧张，那些神采奕奕的政界人士和明星，也有手心出汗、词不达意的时候，还有一些人表面上侃侃而谈、镇定自若，实际上手心早已一把汗。

事实上，我们每个人都需要面对自己的焦虑、紧张情绪，如果你承认并接纳这种紧张情绪，你很快就能抛开它。而那些被紧张情绪影响工作和生活的人，则被心理专家定性为患有社交焦虑症或社交恐惧症的人，他们的糟糕表现，往往是因为不能承认自己的焦虑和紧张情绪所致。

对某些事物或情景适当的恐惧，可使人们更加小心谨慎，有意识地避开有害、有危险的事物或情景，从而更好地保护自己，避免遭受挫折、失败和意外事故。过度的恐惧则是最消极的一种情绪，并且总是和紧张、焦虑、苦恼相伴，而使人的精神经常处于高度的紧张状态，严重影响一个人的学习、工作、事业和前途。因此它必然损害健康，引起各种心理性疾病，长期的极端恐惧甚至可使人身心衰竭。

为了自己的健康和进步，有恐惧心理的人必须下定决心，鼓足勇气，努力战胜自己不健康的恐惧心理。

现在，请闭上眼睛，什么都不要想，彻底放松，除去一切的紧张，然后让憎恨、愤怒、焦虑、嫉妒、艳羡、悲痛、烦忧、失望等精神中的一切不利因素离你而去，你会感到无比轻松。

你成不了事，是因为没把它当回事

人需要给自己一点压力，才能在压力中成长，才能在压力中不畏艰难，走向成功。

折磨你的人会给予你巨大的压力，这时，你该如何应对？

美国鲍尔教授说："人们在感受工作中的压力时,与其试图通过放松的技巧来应付压力,不如激励自己去面对压力。"

压力对于每一个人都有一种很特别的感觉。不错，人人都会本能地想摆脱压力，但往往都不能如愿！

一个人的惰性与生存所形成的矛盾会是压力，一个人的欲望与来自社会各方面的冲突会是压力。说通俗一些，就是人生的各个阶段都有压力：读书有压力，上班有压力，做平头老百姓有压力，做领导干部也有压力。总之，压力无处不在！

压力是好事还是坏事？

科学家认为：人是需要激情、紧张和压力的。如果没有既甜蜜又有痛苦的冒险滋味的"滋养"，人的机体就无法存在。对这些情感的体验有时就像药物和毒品一样让人上瘾，适度的压力可以激发人的免疫力，从而延长人的寿命。试验表明，如果将人关进隔离室内，即使让他感觉非常舒服，但没有任何情感体验，他很快会发疯。

压力带给人的感觉不仅仅是痛苦和沉重，它也能激发人的斗志和内在的激情，使你兴奋，使你的潜能被开发！

体育比赛的压力是大家都有目共睹的，正是因为压力大，才有了世界纪录的频频被打破。企业工作业绩的压力也是很大的，然而正是激励的竞争机制才有了企业的飞速发展，人才也层出不穷。

压力不仅能激发斗志，还能创造奇迹。据说有一条非常危险的山路，是人们外出的必经之路，多少年来，从未出过任何事故。原因是，每一个经过的人都必须挑着担子才能通行。可是奇怪的是，人们空着手走尚且很危险的一条狭窄的小路，一边是陡峻的山崖，一边是无底的深渊，而挑着担子反能顺利通过。那是因为挑着担子的心不敢有丝毫的松懈，全部精力和心思都集中在此，所以，多少年来，这里都是安全的。这正是压力的效应。

相反，没有压力的生活会使人生活得没有滋味。

试想，如果所有的学生都是一样的考分，不管你是多么努力！所有的员工都是一样的工资，不管你是多么勤奋！那还会有谁愿意继续努力？人人就只会混日子过，变得越来越懒散，激情也将消失殆尽！说大了，社会也将停滞不前。

但压力又不能太大，大得难以承受，人又会被压垮的。这样的例子也很多。有一个女孩因高考感觉没考好，就没有回家而直接走到江里了。当录取通知书下发时，她已离去很多日子了。原因是，这次考试是一锤子"买卖"，如果这次没考上，她也就没有第二次机会了，家长是这样对她说的，所以她无法承受这样的压力，于是选择了永不面对。

压力不能没有，压力又不能过大，而压力又无法摆脱。是的，生活就是这样，充满着矛盾，我们只能去选择适应生活和改变自己。当你没有了激情，懒懒散散，那就给自己加压，定下一个目标，限期完成；当你感到压力使你身心疲惫，都快成机器了，你就要进行压力舒解，放下一些攀比和力不从心的追求。

当你没有任何压力的时候，人就会失去动力，成为轻飘飘的云，没有了方向，要想改变现状，你必须给自己一些压力。珍珠的来历大家都知道，它是石子放进贝壳，经过不分昼夜地磨砺而成。也让我们学习贝壳吧，把压力变成珍珠！

第六章

决定你上限的不是能力，而是格局

ni suowei de jixian,
buguo shi
bieren de qidian

你的世界观，就是你的世界

我们说心就像一个人的翅膀，心有多大，世界就有多大。但如果不能打碎心中的四壁，你的翅膀就舒展不开，即使给你一片大海，你也找不到自由的感觉。

有一条鱼在很小的时候被捕上了岸，渔人看它太小，而且很美丽，便把它当成礼物送给了女儿。小女孩把它放在一个鱼缸里养了起来，这条鱼每天游来游去总会碰到鱼缸的内壁，心里便有一种不愉快的感觉。

后来鱼越长越大，在鱼缸里转身都困难了，女孩便给它换了更大的鱼缸，它又可以游来游去了。可是每次碰到鱼缸的内壁，它畅快的心情便会黯淡下来，它有些讨厌这种原地转圈的生活了，索性静静地悬浮在水中，不游也不动，甚至连食物也不怎么吃了。女孩看它很可怜，便把它放回了大海。

它在海中不停地游着，心中却一直快乐不起来。一天它遇见了另一条鱼，那条鱼问它："你看起来好像闷闷不乐啊！"它叹了口气说："啊，这个鱼缸太大了，我怎么也游不到它的边！"

我们是不是就像那条鱼呢？在鱼缸中待久了，心也变得像鱼缸一样小了，不敢有所突破。即使有一天，到了一个更为广阔的空间，已变得狭小的心反倒无所适从了。

打开自己，需要开放自己的胸怀。

开放，是一种心态、一种个性、一种气度、一种修养；是能正确地对待自己、他人、社会和周围的一切；是对自己的专业和周围的世界都怀有强烈的兴趣，喜欢钻研和探索；是热爱创新，不墨守成规，不故步自封，不固执僵化；是乐于和别人分享快乐，并能抚慰别人的痛苦与哀伤；是谦虚，承认自己的不足，并能乐观地接受他人的意见，而且非常喜欢和别人交流；是乐于承担责任和接受挑战；是具有极强的适应性，乐于接受新的思想和新的经验，能够迅速适应新的环境；是坚强的心胸，敢于面对任何否定和挫折，不畏惧失败。

不打开自己，一个人就不可能学会新东西，更不可能进步和成长。开放的胸怀，是学习的前提，是沟通的基础，是提升自我的起点。在一个组织里，最成功的人就是拥有开放胸怀的人，他们进步最快，人缘最好，也最容易获得成功的机会。

具有开阔胸怀的人，会主动听取别人的意见，改进自己的工作。比尔·盖茨经常对公司的员工说："客户的批评比赚钱更重要。从客户的批评中，我们可以更好地汲取失败的教训，将它转化为成功的动力。"比尔·盖茨本人就是一个心态非常开放的人，他鼓励公司里每个人畅所欲言，当别人和他有不同意见时，他会很虚心地去听。每次公开讲演之后，他都会问同事哪里讲得好，哪里讲得不好，下次应该怎样改进。这就是世界首富的作风，也是他之所以能成为首富的潜质。

开放的心自由自在，可以飞得又高又远；而封闭的心像一池死水，永远没有机会进步。如果你的心过于封闭，不能接纳别人的建议，就等于锁上了一扇门，禁锢了你的心灵。要知道褊狭就像一把利刃，会切断许多机会及沟通的管道。

花草因为有土壤和养分才会茁壮成长、绽放美丽，人的心灵也必须不断接受新思想的洗礼和浇灌，否则智慧就会因为缺乏营养而枯萎死亡。

苛求他人，等于孤立自己

每个人都有可取的一面，也有不足的地方。与人相处，如果总是苛求十全十美，那么永远也交不到真正亲密的朋友。在这一点上，曾国藩早就有了自己的见解，他曾经说过："概天下无无瑕之才，无隙之交。大过改之，微瑕涵之，则可。"意思是说，天下没有一点缺点也没有的人，没有一点缝隙也没有的朋友。有了大的错误，要能够改正，剩下小的缺陷，人们给予包容，就可以了。为此，曾国藩总是能够宽容别人，谅解别人。

当年，曾国藩在长沙读书，有一位同学性情暴躁，对人很不友善。因为曾国藩的书桌是靠近窗户的，他就说："教室里的光线都是从窗户射进来的，你的桌子放在了窗前，把光线挡住了，这让我们怎么读书？"他命令曾国藩把桌子搬开。曾国藩也不与他争辩，搬着书桌就去了角落里。曾国藩喜欢夜读，每每到了深夜还在用功。那位同学又看不惯了："这么晚了还不睡觉，打扰别人的休息，别人第二天怎么上课啊？"曾国藩听了，不敢大声朗诵了，只在心里默读。一段时间之后，曾国藩中了举人，那人听了，就说："他把桌子搬到了角落，也把原本属于我的风水带去了角落，他是沾了我的光才考中举人的。"别人听他这么一说，都为曾国藩鸣不平，觉得那个同学欺人太甚。可是曾国藩毫不在意，还安慰别人说："他就是那样子的人，就让他说吧，我们不要与他计较。"

凡是成大事者，都有广阔的胸襟。他们在与别人相处的时候，不会计较别人的短处，而是以一颗平常心看待别人的长处，从中看到别人的优点，弥补自己的不足。如果眼睛只能看到别人的短处，那么这个人的眼里就只有不好和缺陷，而看不到别人美好的一面。在生活中，每个人都可能跟别人发生矛盾。如果一味地跟别人计较，就可能浪费自己很多精力。与其把自己的时间浪费在一些鸡毛蒜皮的小事上，不如就放开胸怀，给别人一次机会，也可以让自己有更多的精力去做更多有意义的事情。

一位在山中茅屋修行的禅师，有一天趁夜色到林中散步，在皎洁的月光下，他突然开悟。他喜悦地走回住处，眼见自己的茅屋遭小偷光顾。找不到任何财物的小偷要离开的时候在门口遇见了禅师。原来，禅师怕惊动小偷，一直站在门口等待。他知道小偷一定找不到任何值钱的东西，就把自己的外衣脱掉拿在手上。

小偷遇见禅师，正感到惊愕的时候，禅师说："你走那么远的山路来探望我，总不能让你空手而回呀！夜凉了，你带着这件衣服走吧！"说着，就把衣服披在小偷身上，小偷不知所措，低着头溜走了。

禅师看着小偷的背影穿过明亮的月光消失在山林之中，不禁感慨地说："可怜的人呀！但愿我能送一轮明月给他。"

禅师目送小偷走了以后，回到茅屋赤身打坐，他看着窗外的明月，进入空境。

第二天，他睁开眼睛，看到他披在小偷身上的外衣被整齐地叠好，放在了门口。禅师非常高兴，喃喃地说："我终于送了他一轮明月！"

面对小偷，禅师既没有责骂，也没有告官，而是以宽容的心原谅了他，禅师的宽容和原谅终于换得了小偷的醒悟。可见，宽容比强硬的反抗更具有感召力。可是，我们与别人发生矛盾时，总想着与别人争出高低来，但是往往因为说话的态度不好，使得两个人吵起来，甚至大打出手。其实，牙齿没有不碰到舌头的。很多事情忍耐一下，也就过去了。有些矛盾的产生，别人也不一定就是故意的，我们给予他包容，他可能会主动认识到错误，也给自己减少了很多麻烦。

只要你还能去追，就应该不抱怨地前进

奎尔是一家汽车修理厂的修理工，从进厂的第一天起，他就开始喋喋不休地抱怨，"修理这活太脏了，瞧瞧我身上弄的"，"真累呀，我简直讨厌死这份工作了"……每天，奎尔都是在抱怨和不满的情绪中度过。他认为自己在受煎熬，在像奴隶一样卖苦力。因此，奎尔每时每刻都窥视着师傅的眼神与行动，稍有空隙，他便偷懒耍滑，应付手中的工作。

转眼几年过去了，当时与奎尔一同进厂的三个工友，各自凭着精湛的手艺，或另谋高就，或被公司送进大学进修，独有奎尔，仍旧在抱怨中做他讨厌的修理工。

抱怨的最大受害者是自己。生活中你会遇到许多才华横溢的失业者，当你和这些失业者交流时，你会发现，这些人对原有工作充满了抱怨、不满和谴责。要么就怪环境条件不够好，要么就怪老板有眼无珠不识才……总之，牢骚一大堆，积怨满天飞。殊不知这就是问题的关键所在——吹毛求疵的恶习使他们丢失了责任感和使命感，只对寻找不利因素兴趣十足，从而使自己发展的

道路越走越窄。他们与公司格格不入，变得不再有用，只好被迫离开。如果不相信，你可以立刻去询问你所遇到的任何10个失业者，问他们为什么没能在所从事的行业中继续发展下去，10个人当中至少有9个人会抱怨旧上级或同事的不是，绝少有人能够认识到自己之所以失业的真正原因。

提及抱怨与责任，有位企业领导者一针见血地指出："抱怨是失败的一个借口，是逃避责任的理由。爱抱怨的人没有胸怀，很难担当大任。"仔细观察任何一个管理健全的机构，你会发现，没有人会因为喋喋不休的抱怨而获得奖励和提升。这是再自然不过的事了。想象一下，船上水手如果总不停地抱怨：这艘船怎么这么破，船上的环境太差了，食物简直难以下咽，以及有一个多么愚蠢的船长……这时，你认为，这名水手的责任心会有多大？对工作会尽职尽责吗？假如你是船长，你是否敢让他做重要的工作？

如果你受雇于某个公司，就发誓对工作竭尽全力、主动负责吧！只要你依然还是整体中的一员，就不要谴责它，不要伤害它，否则你只会诋毁你的公司，同时也断送了自己的前程。如果你对公司、对工作有满腹的牢骚无从宣泄时，做个选择吧：一是选择离开，到公司的门外去宣泄；二是选择留下。当你选择留在这里的时候，就应该做到在其位谋其政，全身心地投入工作中来，为更好地完成工作而努力。记住，这是你的责任。

一个人的发展往往会受到很多因素的影响，这些因素有很多是自己无法把握的，如工作不被认同、才能不被发现、职业发展受挫等。在这一现实面前，任何急躁、抱怨都没有益处，只有坦然地接受现实并战胜眼前的痛苦，才能使自己的事业有进一步发展的可能。

人与人，在互惠中成长

运动场上非赢即输的角逐、学习成绩的分布曲线向我们灌输非此即彼的思维方式，于是我们常常通过输赢的"有色眼镜"看人生。倘若不能唤醒内在的知觉，只为了争一口气而奋斗，人与人一辈子都只会活在狭隘的世界中。从来不去用互惠双赢的思维解决问题，无论是对个人还是对整体，这将是多么大的损失。

互惠互利的思维鼓励我们在解决问题时，要共同探讨，以便能够找到切实可行并令所有人受惠的方法。现在已经不是一个"天下唯我独尊"的时代，人们更倾向于达到一种共荣共赢的状态。有这样一个故事，真假且不去分析，从中你可以更深刻地明白何谓共赢。

在美国的一个小村子里，住着一个老头，他有三个儿子。

大儿子、二儿子都在城里工作，小儿子和他在一起，父子相依为命。

突然有一天，一个人找到老头，对他说："尊敬的老人，我想把你的小儿子带到城里去工作。"老头气愤地说："不行，绝对不行，你滚出去吧！"这个人说："如果我给你儿子找的对象，也就是你未来的儿媳妇是洛克菲勒的女儿呢？"老头想了想，终于，让儿子当上洛克菲勒女婿这件事打动了他。过了几天，这个人找到洛克菲勒，对他说："尊敬的洛克菲勒先生，我想给你的女儿找个对象。"洛克菲勒说："快滚出去吧！"这个人又说："如果我给你女儿找的对象，也就是你未来的女婿是世界银行的副总裁，可以吗？"洛克菲勒同意了。

又过了几天，这个人找到了世界银行总裁，对他说："尊敬的总裁先生，你应该马上任命一个副总裁！"总裁先生说："不可能，这里这么多副总裁，我为什么还要任命一个副总裁呢，而且还必须是马上？"这个人说："如果你任命的这个副总裁是洛克菲勒的女婿，可以吗？"结果自然可知，总裁先生同意了。

人与人，在互惠中寻求共赢。共赢思维是一种基于互敬、寻求互惠的思考框架与心意，目的是获得更多的机会、财富及资源，而非敌对式竞争。

所以，大家好才是真的好，大家赢才是真的赢。人与人相处，应该像离开水的螃蟹，螃蟹在陆地上也可以生存，不过离开水的时间不能太久，所以它们需要不停地吐泡沫来弄湿自己和伙伴。一只螃蟹吐的泡沫是不大可能把自己完全包裹起来的，但几只螃蟹一起吐泡沫连接起来就形成了一个大的泡沫团，它们也就营造了一个能够容纳自己的富含水分的生存空间，彼此都争取到了生存的机会。

告别"独行侠"时代，你才可以"笑傲江湖"

工作中，有人自视甚高，以为做事"舍我其谁"。他们喜欢单干，如高傲的"独行侠"一般，以自我为中心，极少与同事沟通交流，更不会承认团队对自己的帮助。

有人也许会有疑问：有些天才就是特立独行的，他们也取得了巨大的成就，伟大的成就有时候就是需要别具一格啊！是的，在一些领域里，具有非凡天赋和付出超人努力的人会取得巨大的成就，比如凡·高和爱因斯坦。但是再有才华的人取得的成就也是以前人的成就为基础的，而且在企业里，这样的人是不可能取得长期成功的，苹果电脑的创始人之一史蒂夫·乔布斯正是其中的代表人物。

美国航天工业巨头休斯公司的副总裁艾登·科林斯曾经评价乔布斯说："我们就像小杂货店的店主，一年到头拼命干，才攒那么一点财富。而他几乎在一夜之间就赶上了。"乔布斯22岁开始创业，从赤手空拳打天下，到拥有2亿多美元的财富，他仅仅用了4年时间。不能不说乔布斯是有创业天赋的人。然而乔布斯因为独来独往，拒绝与人团结合作而吃尽了苦头。

他骄傲、粗暴，瞧不起手下的员工，像一个国王高高在上，他手下的员工都躲避他。很多员工都不敢和他同乘一部电梯，因为他们害怕还没有出电梯之前就已经被乔布斯炒鱿鱼了。

就连他亲自聘请的高级主管——优秀的经理人、百事可乐公司饮料部前总经理斯卡利都公然宣称："苹果公司如果有乔布斯在，我就无法执行任务。"

对于二人势同水火的形势，董事会必须在他们之间决定取舍。当然，他们选择的是善于团结的斯卡利，而乔布斯则被解除了全部的领导权，只保留董事长一职。对于苹果公司而言，乔布斯确实是一个大功臣，是一个才华横溢的人才，如果他能和手下员工们团结一心的话，相信苹果公司是战无不胜的，可是他选择了"独来独往"，不与人合作，这样他就成了公司发展的阻力，他越有才华，对公司的负面影响就越大。所以，即使是乔布斯这样出类拔萃的开创者，如果没有团队精神，公司也只好忍痛将他从不合适任职的岗位撤离。

事实上，一个人的成功不是真正的成功，团队的成功才是最大的成功。对于每一个职场人士来说，谦虚、自信、诚信、善于沟通、团队精神等一些传统美德是非常重要的。团队精神在一个公司、在一个人事业的发展过程中都是不容忽视的。

松下公司总裁松下幸之助访问美国时，《芝加哥邮报》的一名记者问他："您觉得美国人和日本人哪一个更优秀呢？"这是一个相当尴尬的问题，说美国人优秀，无疑伤害了日本人的民族感情；说日本人优秀，肯定会惹恼美国人；说差不多，又显得搪塞，也显示不出一个著名企业家应有的风度。

这位聪明的企业家说："美国人很优秀，他们强壮、精力充沛、富于幻想，时刻都充满着激情和创造力。如果一个日本人和一个美国人比试的话，日本人是绝对不如美国人的。"美国记者十分高兴："谢谢您的评价。"正当他沾沾自喜的时候，松下幸之助继续说："但是日本人很坚强，他们富有韧性，就好像山上的松柏。日本人十分注重集体的力量，他们可以为团体、为国家牺牲一切。如果10个日本人和10个美国人比试的话，肯定可以势均力敌；如果100个日本人和100个美国人比试的话，我相信日本人会略胜一筹。"美国记者听了目瞪口呆。

"没有完美的个人，只有完美的团队"，这一观点已被越来越多的人所认可。每个人的精力、资源有限，只有在协作的情况下才能达到资源共享。

单打独斗的年代已经一去不复返，只有懂得合作的人才能借别人之力成就自己，并获得双赢。朋友，你想成为真正的笑傲职场的"英雄"吗？那就彻底告别"独行侠"的角色吧。

你可以不认同，但不必排斥

法国启蒙思想家伏尔泰说："虽然我不同意你的观点，但我誓死捍卫你说话的权利。"这是西方人对尊重个体与尊重自由的呐喊。而在东方，讲究的是包容，是海纳百川，是泽被万物，是儒家这一主体思想对外来佛教的包容与融合。是接受彼此的差异化，求同存异，是和谐共处，因此这一文化之源流几千年不断绝。

星云大师谈到佛教传到中国时，颇有感慨地说道：中国和佛教始终是和谐的。佛教文化被悠久的中华文化所接纳，并且继续发扬光大，成为中国的佛教。佛教对得起中国，中国也不负佛教，正是两者之间相互的包容造就了这和谐的一切。接着，大师说了一句朴实却振聋发聩的话：你可以不信，但不必排斥。这不仅适用于对宗教的信仰，也适用于每个人为人处世，待人接物。做人需要求同存异。

在喜马拉雅山中有一种共命鸟。这种鸟只有一个身子，却有两个头。有一天，其中一个头在吃美果，另一个头则想饮清泉，由于清泉离美果的距离较远，而吃美果的头又不肯退让，于是想喝清水的头十分愤怒，一气之下便说："好吧，你吃美果却不让我喝清水，那么我就吃有毒的果子。"结果两个头同归于尽。

还有一条蛇，它的头部和尾部都想走在前面，互相争执不下，于是尾巴说："头，你总在前面，这样不对，有时候应该让我走在前面。"头回答说："我总是走在前面，那是按照早有的规定做的，怎能让你走在前面？"两者争执不下，尾巴看到头走在前面，就生了气，卷在树上，不让头往前走，它趁着头放松的机会，立即离开树木走到前面，最后掉进火坑被烧死了。

无论是两头鸟还是那条头尾相争的蛇，因为不知道求同存异的这个道理，最终导致两败俱伤，受到伤害的终究还是自己。如果那只鸟的一个头能够先让另一个头喝到水，再过去吃鲜果，那自己也不是没有什么损失吗？只是哪个先哪个后的问题。人有时候实际上和这两头鸟一样，只要不计较个人得失，就不会让自己和别人受难。

这世上的事物千差万别，人与人之间也存在着众多的差异，生活背景、生活方式、个性、价值观等的差异，让我们的相处也存在着或多或少的困难，无所谓希望或者失望、信任或者背叛，我们所能做的只能是相互尊重、相互包容、求同存异、真诚相对，而不必强求一致。

正是因为这种差异性的存在，在客观上便要求我们要做到"求同存异"，即在寻找相互之间相同的地方的同时，也要尊重相互之间客观存在的差异性，从而实现相互之间的合作。因此，要做到"求同存异"，"尊重"是基础，而且还需要有耐心，能包涵，心胸开阔。如果能将这一条与取长补短、开诚布公协调运用，那么，不仅双方能表达得更为舒畅，而且还能从中学到不少新东西。

我们要逐渐学会求同存异，保留相同的利益要求，与人相处也要照顾别人的利益，在自己的利益与别人的利益之间求中间值，让自己的利益和别人的利益都得到实现。

如果我们不懂得求同存异，那么，我们就很有可能在面临差异与分歧的时候相互争斗，最终使双方都受到巨大的伤害。在生活和工作中，我们也该本着"求同存异"的原则与他人相处。寻找人与人之间的共同点往往是我们打造良好人际关系的开始，也是求同存异的前提条件，并且在共同点的基础之上相互尊重对方的差异性，只有这样才能与对方进行合作，并且最终取得双赢的局面。

真正的教养，是包容与自己不一样的人

《易经》的第二卦坤卦的开头有这样一句话："地势坤，君子以厚德载物。"这句话被国学大师张岱年先生认为是国学精华

的一颗明珠。而今这句话被广为推崇，它的字面意思是：大地是宽广、包容万物的，君子就应当像大地一样，有厚重的道德能容忍他物。张岱年先生是这样解释这句话的：厚德载物是一种宽容的思想，对不同意见持一种宽容的态度，对中国的思想、学术、文化、社会的发展都起到了很大的作用，宽容的态度在中国文化里起到了主导作用，是一种健康正确的思想。

的确如张岱年先生所说，五千年的中国历史其实就是一部宽容发展的历史。中华民族能够长盛不衰，中华文明能够历久弥新，就在于我们的民族精神里闪耀着宽容大度的光辉。从汉朝昭君出塞与呼韩邪单于和亲，到文成公主千里入西藏与松赞干布成婚；从唐太宗对俘获的东突厥首领颉利可汗宽容以待，成就万国来朝的盛世气象，到而今我国加强国际贸易，呈现中国和善的国际形象……中华民族的历史无不闪耀着宽容的光芒。宽容大度的态度，一直是流淌在我们民族文化中的一股血液。正是这股血液，成就了中华民族的博大精神，成就了华夏古国的永远年轻。正如张岱年先生所说，中国文化的特点之一就是宽容、博大。

世界发展到今天，一些国家、民族在地球上已经消失。而我们的祖国已经有五千多年的历史了，依然年轻而有活力，就是因为我们的文化是宽容的，我们的民族是宽容的，我们的思想是宽容的。可见宽容有着多大的作用。对于国家、民族来说，宽容能使国家强盛、民族强大；对于个人来说，宽容能使一个人得到他人的信服和帮助，能成就一个人伟大的理想。

服装界有名的商人马亮是一个善于容人的经营者，他的成功就和自己善于包容不同个性的人才有很大关系。

马亮刚入服装行业的时候，有一次他拿着样衣经过一家小店，却无缘无故地被店主讥讽嘲笑了一通，说他的衣服只能堆在仓库里，再过10年也卖不出去。马亮并未反唇相讥，而是诚恳地请教，店主说得头头是道。马亮大惊之下，愿意高薪聘用这位怪人。没想到这人不仅不接受，还讽刺了马亮一顿。马亮没有放弃，运用各种方法打听，才知道这位店主居然是一位极其有名的服装设计师，只是因为他自诩天才、性情怪僻而与多位上司闹翻，一气之下发誓不再设计服装，改行做了小商人。

马亮弄清原委后，三番五次登门拜访，并且诚心请教。这位设计师仍然是火冒三丈，劈头盖脸地骂他，坚决不肯答应。马亮毫不气馁，常去看望他，经常和他聊天并给予热情的帮助。这位怪人到最后也很不好意思了，终于答应马亮，但是条件非常苛刻，其中包括他一旦不满意可以随意更改设计图案，允许设计师自由自在地上班等。果然，这位设计师虽然常顶撞马亮，让他下不了台，但其创造的效益很巨大，帮助马亮建立了一个庞大的服装帝国。

从这个小故事中，我们可以看出宽容的巨大作用。你待人宽宏，你就能得到别人的感激和回报。如果你待人刻薄，不懂宽大为怀、宽能容人的道理，在生活中你就会孤立无援。这位设计师的脾气不可谓不怪异，甚至有点恃才傲物，但是马亮慧眼识金，懂得他的价值所在，对他的缺点和不足一一宽容，使他帮助自己走上了事业的成功之路。

"地势坤，君子以厚德载物"，大地因为宽广，才容得下山川草木、森林河流。一个君子就应该从大自然的启发中，培养自己宽容的胸襟，牢记"厚德载物"这一国学精华的古训。在现实生活中，用自己的一举一动践行"君子以厚德载物"的人生信条。

格局有多大，就能走多远

"拿得起"不仅仅是应在踌躇满志时，"放得下"也绝不仅仅是应在遭受挫折时。在人生的每时每刻，我们都应把它们看作一个整体。一个人在处世中，拿得起是一种勇气，放得下是一种肚量。

在热带丛林里，猎人经常制作一些笼子捕猎猴子，笼子里挂着果实，笼子上开一个小口，刚好够猴子的前爪伸进去，如果猴子抓住坚果就无法将爪抽出来了。而猴子有一种习性，就是不肯放弃已经到手的东西，所以它们最终就成了猎人的猎物。

猴子被捉的悲剧告诉我们，在生活中必须学会"拿得起放得下"，学会适时松开手。人生的成败往往蕴含于取舍之间，"放得下"的关键在于你是否能够在人生道路上进行果敢的取舍。

　　拿得起，实为可贵；放得下，是人生处世之真谛。成大事业者不会计较一时的得失。他们都知道放下什么，如何放下。放得下，你就可以轻装前进。放得下，你就可以摆脱烦恼和纠缠，整个身心沉浸在轻松悠闲的宁静中。

　　放得下会使你赢得别人的信赖；放得下会改变你的形象，使你显得豁达豪爽；放得下还会使你变得更能干，更精明，更有力量。在这个世界上，为什么有的人活得轻松，而有的人活得沉重？前者是拿得起，放得下；而后者是拿得起，却放不下，所以沉重。

　　放下心中所有难言的负荷，放下失恋的痛楚，放下费尽精力的争吵，放下屈辱留下的仇恨，放下对虚名的争夺，放下对权力的角逐……凡是次要的，枝节的，多余的，该放下的都要放下。只有放得下，才能将该拿起的东西更好地把握住。

　　由于清朝晚期科场中贿赂盛行，舞弊成风，蒲松龄四次考举人都落第了。最后他放弃了"科考"这条可以使自己走上仕途的道路，而选择了著书立说。他立志要写一部"孤愤之书"。他在压纸的铜尺上镌刻了一副著名的对联，上书：

　　有志者，事竟成，破釜沉舟，百二秦关终属楚；

　　苦心人，天不负，卧薪尝胆，三千越甲可吞吴。

蒲松龄以此自敬自勉。后来，他终于写成了《聊斋志异》，流传百世。

蒲松龄虽然科举落第，与仕途无缘，但他找到了成就自己的另一个方向。在这条新开辟的道路上，他取得了成功，也为后人留下了宝贵的精神财富。

人生是一种相依相得的平衡，放不下就得不到，得不到就会很痛苦。拿得起放得下，反映的是一个人生命的品质和品位。这需要一种不断积蓄的能量。唯其拿得起放得下，才能厚积薄发，举重若轻，处事从容。一个明智的人，拿得起有分量的东西，同样也放得下它，只要服从自己内心，就可以进行另一选择。

放下的，当然是应该放下的，过去了的，不应有的，强求而难以达到的。放得下，看似消极，实质却是一种积极的心态。对于自己的过去，大可不必耿耿于怀，是好是坏都已过去，生命并非只有一处灿烂辉煌。包容过去，融通未来，创造人生新的春天，人生才更加明媚迷人。

人生并非只有一处辉煌，别处风景也许更加迷人。站在特定的时点，审时度势，做出你的选择，找到你的真正的生活目标。因此，你有时须从新的角度看待自己，重新找回自信，你会发现自己有越来越多值得欣赏的地方。

拿得起与放得下是生命中最重要的修养之一，我们只有果断清醒地放下应该放下的，随和且随缘地看待人生旅途中遇到的利害得失、祸福变故，接纳和融合所遇到的一切，才能腾出生命的空间，享有所拥有的一切。

拿得起是可贵，放得下是超脱。鲜花掌声能等闲视之，挫折、灾难能坦然承受。人生最大的敬佩是拿得起，生命最大的安慰是放得下。当迷雾消散尘埃落定的那一刻，你会发现这一切原本只是自己放不下。烦事人人有，放下自然无。

人生随时都可以重新开始

这个世界上不会有人一生都毫无转机，穷人可能会腾达为富人，富人也可能沦落为穷人，很多事情都是发生在一瞬间。富有或贫穷，胜利或失败，光荣与耻辱，所有的改变都会在一瞬间发生。

比如，一个人要戒烟，如果他总认为戒烟是一个渐进的、缓慢的过程，要逐渐地戒，那他永远也戒不了烟；他只有在某天突然醒悟，才会痛下决断，马上坚决采取戒烟措施，才有可能戒掉烟。

CNN的老板特德·特纳，年轻时是一个典型的花花公子，从不安分守己，他的父亲也拿他没办法。他曾两次被布朗大学除名。不久，他的父亲因企业债务问题而自杀，他因此受到了很大的触动。他想到父亲含辛茹苦地为家庭打拼，他却在胡作非为，不仅不能帮助父亲，反而为父亲添了无数麻烦。他决定改变自己的行为，要把父亲留给自己的公司打理好。从此他像变了一个人，成了一个工作狂，而且不断寻找机会，壮大父亲留下的企业，最终将CNN从一个小企业变成了世界级的大公司。

其实，人的改变就在一瞬间，只要我们思想上有了一种强烈的要改变的意识，并下定决心，变化就会出现。一瞬间的改变可以成就一个人的一生，也可以毁灭一个人的一生，所以，我们不能忽视一瞬间的力量。

鲁迅认为中国落后是因为中国人的体格不行，被称作"东亚病夫"，于是他去日本学习医学。但一次在课间看电影的时候，他看到日本军人挥刀砍杀中国人，而围观的中国人却一脸的麻木，当时其他的日本同学大声地议论："只要看中国人的样子，就可以断定中国必然灭亡。"鲁迅思想上顿时发生了改变，他说："由此我觉得医学并非一件紧要事，凡是愚弱的国民，即使体格如何健全，如何茁壮，也只能做毫无意义的示众的材料和看客，病死多少是不必以为不幸的，所以我的第一要素是在改变他们的精神，而善于改变精神的是，我那时以为当然要推文艺，于是想提倡文艺运动了。"从此，鲁迅决定弃医从文，以笔为枪，去唤醒沉睡中的中国，中国也多了一位伟大的思想家和文学家。

禅宗讲求顿悟，认为人的得道在于顿悟，在于一刹那的开悟。其实人生也是这样，人思想的改变就在一瞬间。当我们顿悟后，我们就能洞察生命的本性，从被奴役的生活走向自由的道路，将蕴藏在内心的仁慈和潜能都充分发挥出来。

　　一个人想要达到成功的巅峰，也需要顿悟，从你的内心深处升起的那份卓越的渴望，将会在瞬间改变你的一生。

第七章

最好的你，就是比昨天
更好的你

ni suowei de jixian,
buguo shi
bieren de qidian

华丽地跌倒，总胜过无谓的徘徊

野兔是一种十分狡猾的动物，缺乏经验的猎手很难捕获到它们。但是一到下雪天，野兔的末日就到了。因为野兔从来不敢走没有自己脚印的路，当它从窝中出来觅食时，它总是小心翼翼的，一有风吹草动就会逃之夭夭。但走过一段路后，如果是安全的，它也会按照原路返回。猎人就是根据野兔的这一特性，只要找到野兔在雪地上留下的脚印，然后做一个机关，第二天早上就可以去收获猎物了。

兔子的致命缺点就是太相信自己走过的路了。许多时候，我们不是跌倒在自己的缺陷上，而是跌倒在自己的优势上。因为缺陷常常给我们以提醒，小心翼翼，而优势和经验却常常使我们忘乎所以，麻痹大意。

三个旅行者早上出门时，一个旅行者带了一把伞，另一个旅行者拿了一根拐杖，第三个旅行者什么也没有带。

晚上归来，拿伞的旅行者淋得浑身是水，拿拐杖的旅行者跌得满身是伤，而第三个旅行者却安然无恙。前两个旅行者很纳闷，问第三个旅行者："你怎么会没有事呢？"

第三个旅行者没有正面回答，而是问拿伞的旅行者："你为什么会淋湿而没有摔伤呢？"

　　拿伞的旅行者说："当大雨来到的时候，我因为有了伞，就大胆地在雨中走，却不知怎么淋湿了；当我走在泥泞坎坷的路上时，因为没有拐杖，所以走得非常仔细，专拣平稳的地方走，所以没有摔伤。"

　　然后，他又问拿拐杖的旅行者："你为什么没有淋湿而摔伤了呢？"

　　拿拐杖的说："当大雨来临的时候，我因为没有带雨伞，便拣能躲雨的地方走，所以没有淋湿；当我走在泥泞坎坷的路上时，我便用拐杖拄着走，也不知道怎么搞的就摔了好几跤。"

　　第三个旅行者听后笑笑说："为什么你们拿伞的淋湿了，拿拐杖的跌伤了，而我却安然无恙？这就是原因。当大雨来时我躲着走，当路不好时我非常小心，所以我没有淋湿也没有跌伤。你们的失误就在于你们有凭借的优势，自以为有了优势便可大意。"

　　从上面的故事，我们可以知道：优势不但靠不住，有时候反而还会起反作用。相比之下，经验同样也是靠不住的。

　　许多人喜欢登山这项运动，因为可以挑战自己，挑战极限。当人们把自己的足迹留在山顶上的时候，一种征服的成就感就会油然而生。登山的过程中时刻伴随着危险，这是勇敢者的运动。但是只靠勇敢还是不够的，还需要力量、细心等多种因素。在登山运动中，攀登雪山更是危险。

在亚洲，著名的喜马拉雅山每年都会迎来许多勇气可嘉的人来征服它。

有一年，一个登山队来到了这里。在他们准备好了食品、药品及其他登山器材即将上山的时候，一位专家提醒他们说："多带几根钢针，燃气炉的喷嘴在严寒的状况下极易堵塞，只有钢针能够解决这个问题。不要小看了这根钢针，如果燃气炉堵塞的话，就意味着全队的生命将要受到威胁。"

遗憾的是没有人听专家的话，因为按照经验，他们认为带一根钢针就够了，何必再多此一举呢！

到半山腰的时候，燃气炉真的堵塞了。带着钢针的人把钢针拿了出来，但是天气太冷，钢针变得很脆，他一不小心把钢针崩断了——全队的饮食从此就断绝了。最后，登山队没有一个人从山上走下来。

经验确实很重要，但不要只相信经验，完全凭自己的经验办事。经验不足或是经验过多都会导致失败，造成无法挽回的损失。

有的时候，优势是靠不住的，经验是会欺骗人的。所以要相信事实，多做准备，绝不能偏信所谓的经验，更不能依赖自己的优势。能正确看待自己的优势、懂得如何利用经验的人，才是真正的智者。

你唯一能把握的，是变成更好的自己

托尔斯泰说："世界上只有两种人：一种是观望者，一种是行动者。大多数人都想改变这个世界，但没人想改变自己。"要改变现状，就得改变自己。要改变自己，就要改变自己的观念。一切成就，都是从正确的观念开始的。一连串的失败，也都是从错误的观念开始的。要适应社会，适应变化，就要改变自己。

哥伦布发现美洲大陆后，欧洲不断向美洲移民。为了得到足够的食物，欧洲人在美洲大量种植苹果树。但是在19世纪中期，美国的苹果大面积减产，原因是出现了一种新的害虫——苹果蛆蝇。

刚开始，人们以为害虫是被从欧洲带过来的。后来经过研究发现，苹果蛆蝇是由当地一种叫山楂蝇的变化而来。由于苹果树的大量种植，许多本地的山楂树被砍掉了，以山楂为生的山楂蝇为了适应这种情况，改变了自己的生活习性，开始以苹果为食物。在不到100年的时间里，山楂蝇进化成了一种新害虫。

山楂蝇为了适应环境，竟不惜改变自己的习性。生物适应环境的能力令人可敬可叹，那么人又该如何适应环境呢？

一个黑人小孩在他父亲的葡萄酒厂看守橡木桶。每天早上，他用抹布将一个个木桶擦拭干净，然后一排排整齐地摆放好。令他生气的是：往往一夜之间，风就把他排列整齐的木桶吹得东倒西歪。

小男孩很委屈地哭了。父亲摸着男孩的头说："孩子，别伤心，我们可以想办法去征服风。"

于是小男孩擦干了眼泪坐在木桶边想啊想啊，想了半天终于想出了一个办法，他去井边挑来一桶一桶的清水，然后把它们倒进那些空空的橡木桶里，然后他就忐忑不安地回家睡觉了。

第二天，天刚蒙蒙亮，小男孩就匆匆爬了起来，他跑到放桶的地方一看，那些橡木桶一个个排列得整整齐齐，没有一个被风吹倒的，也没有一个被风吹歪的。小男孩高兴地笑了，他对父亲说："要想木桶不被风吹倒，就要加重木桶的重量。"男孩的父亲赞许地微笑了。

是的，我们可能改变不了风，改变不了这个世界和社会上的许多东西，但是我们可以改变自己，给自己加重，这样我们就可以适应变化，不被打败。

在威斯敏斯特教堂地下室里，英国圣公会主教的墓碑上写着这样一段话：

当我年轻自由的时候，我的想象力没有任何局限，我梦想改变这个世界。当我渐渐成熟明智的时候，我发现这个世界是不可能改变的，于是我将眼光放得短浅了一些，那就只改变我的国家吧！但是我的国家似乎也是我无法改变的。当我到了迟暮之年，抱着最后一丝努力的希望，我决定只改变我的家庭、我亲近的人——但是，唉！他们根本不接受改变。现在，在我临终之际，我才突然意识到：如果起初我只改变自己，接着我就可以依次改变我的家人。然后，在他们的激发和鼓励下，我也许就能改变我的国家。再接下来，谁又知道呢，也许我连整个世界都可以改变。

人生如水，人只能去适应环境。如果不能改变环境，就改变自己。只有这样，才能克服更多的困难，战胜更多的挫折，实现自我。如果不能看到自己的缺点与不足，只是一味地埋怨环境不利，从而把改变境遇的希望寄托在改换环境上面，这实在是徒劳无益的。

不求与人相比，但求超越自己

几年前，李莉南下深圳求职，根据她的经验和能力，负责一个部门绝对没有问题。

李莉的一个朋友对通信行业比较熟悉，人缘也不错。于是，朋友给一家电信公司的张总工程师打了个招呼，然后让李莉约定时间面试。李莉认为自己没有在大电信公司做过主管，怕面试无法通过，又担心做不好工作，会损了朋友的面子，只好"退而求其次"，想自己通过招聘渠道找工作。

李莉先给几家用人单位寄去简历，却石沉大海毫无消息。接着，李莉又去找人才市场和职业介绍所，也面试了几家用人单位，但结果往往是"高不成低不就"。

时间一晃一个月过去了，李莉也急了。最后，李莉决定打电话给张总工程师。秘书接过电话问道："请问您找哪一位？"

李莉回答说："请找张总。"

秘书说："对不起，张总正在开会，可以请您留下口信吗？"李莉觉得彼此不熟，又不好意思留口信，只好挂了电话。

朋友看在眼里，急在心里，给李莉讲了一个"跳蚤的故事"。

有人曾经做过这样一个实验：他往一个玻璃杯里放进一只跳蚤，发现跳蚤立即轻易地跳了出来。再重复几遍，结果还是一样。根据测试，跳蚤跳的高度一般可达它身体的400倍左右。

接下来实验者再次把这只跳蚤放进杯子里，不过这次是立即在杯子上加一个玻璃盖，"嘣"的一声，跳蚤重重地撞在玻璃盖上。跳蚤十分困惑，但是它不会停下来，因为跳蚤的生活方式就是"跳"。一次次被撞，跳蚤开始变得聪明起来了，它开始根据盖子的高度来调整自己跳的高度。再一阵子以后呢，发现这只跳蚤再也没有撞击到这个盖子，而是在盖子下面自由地跳动。

一天后，实验者开始把这个盖子轻轻拿掉了，它还是在原来的这个高度继续跳。三天以后，他发现这只跳蚤还在那里跳。

一周以后发现，这只可怜的跳蚤还在这个玻璃杯里不停地跳着，其实它已经无法跳出这个玻璃杯了。

让这只跳蚤再次跳出这个玻璃杯的方法十分简单，只需拿一根小棒子突然重重地敲一下杯子；或者拿一盏酒精灯在杯底加热，当跳蚤热得受不了的时候，它就会"嘣"的一下跳出来……

李莉很快就领悟到其中的意思，默然半晌，没有作声。

第二天一早，李莉就给张总打电话，又是秘书接的电话，但见她直呼张总的名字，秘书不敢怠慢，很快接通电话……面试很顺利，李莉顺理成章地成了部门主管。

现在，李莉已成为该公司的资深主管，上司正准备提升她为副总经理。张总工程师现在也已经成为总经理。张总多次对李莉的朋友说："真该好好感谢你啊，要不我上哪儿去找这么好的得力助手去啊？"

在这个故事里，跳蚤真的不能跳出这个杯子吗？绝对不是。而是因为，它的心里已经默认了这个杯子的高度是自己无法逾越的。在科学界，这种现象被称为"自我设限"。

在生活中，是否有许多人像这只跳蚤一样，不断自我设限呢？年轻时雄心万丈，意气风发，一旦遭遇挫折，便开始怀疑自己的能力，抱怨上天不公。慢慢地，他们不是想方设法去追求成功，而是一再地降低成功的标准。他们已经在挫折和困难面前屈服了，或者已习惯了。他们往往因为害怕去追求成功，而甘愿忍受糟糕的生活。他们害怕失败和挫折，在他们眼里，一切都是那么困难。慢慢地，他们的心里已经默认了一个"高度"，这个高度常常暗示自己的潜意识：成功是不可能的，这是没有办法做到的。"自我设限"是人无法取得成就的根本原因之一。

所以，要塑造一个全新的自我，就要打破这种"心理高度"，停止自我设限。

珍惜今天的人，才有资格谈明天

伟大的心理学家威廉·詹姆斯说："以行动播种，收获的是习惯；以习惯播种，收获的是个性；以个性播种，收获的是命运。"既然如此，想要改变自己的命运和生活，你就要从最基本的行动做起，养成马上去做的习惯，从而改变个性，获得成功。

一个美国人到墨西哥旅游，一天黄昏时他在一个海滩漫步，忽然看见远处有一个人在忙碌地做着什么。走近些时，他看清楚原来有个印第安人在不停地拾起由潮水冲到沙滩上的鱼，一条条地用力地把它扔回大海去。

美国人于是奇怪地问这个印第安人："朋友，你在干什么呢？"

那人说："我在把这些鱼扔回海里。你看，现在正是退潮，海滩上这些鱼全是给潮水冲到岸上来的，很快这些鱼便会因缺氧而死了！"

"我明白。不过这海滩有数不尽的鱼，你能把它们全部送回大海吗？你可知道你所做的作用不大啊！"

那位印第安人微笑着，继续拾起另一条鱼，一边拾，一边说："但起码我改变了这条鱼的命运啊！"

美国人恍然大悟，慢慢陷入了沉思！的确，虽然有很多美好的事情我们不能去实现，但是如果把握现在，却能改变一切！

向前看，好像时间漫长无边；但回首，才知生命如此短暂！过去不能重新找回，将来还一直遥遥无期，唯一能把握、能利用的，也只有现在了！这是我们必须明白的人生道理。

一位考古学家在古希腊的废墟里发现了一尊双面神像。由于从来没有见过这种神像，考古学家忍不住问它："你是什么神？为什么会有两副面孔？"

神像回答说："人们都叫我双面神，我一面回望过去，汲取教训；一面展望未来，充满憧憬。"

考古学家忍不住问："那么现在呢？"

"现在，"神像一愣，"我只看着过去和未来，我哪管得了现在啊！"

考古学家说道："过去已经远去了，未来还没有到来。我们能把握的只有现在啊！你对过去总结得再好，对未来的构想无论多么美好，如果不能把握现在，那又有什么意义呢？"

神像听了，恍然大悟："你说得没错。我只关注过去和未来，而从来没想过现在，所以才被人们抛弃在废墟里啊！"

每个人都希望梦想成真，成功却似乎远在天边遥不可及，倦怠和不自信让我们怀疑自己的能力。其实，我们不用想以后的事，只要把握现在，开始行动，成功的喜悦就会慢慢浸润我们的生命。

霍勒斯·格里利说过："做事的方法就是马上开始。过去的已成历史，未来还遥不可及，我们能把握的只有现在。"什么事情一旦拖延，就总是会拖延，而你一旦开始行动，事情就有了转变。凡事及时行动就是成功的一半。

著名作家茅盾说过："过去的，让它过去，永远不要回顾；未来的，等来了时再说，不要空想；我们只抓住了现在，用我们现在的理解，做我们所应该做的。"那么，要想人生没有遗憾，成就你的卓越人生，那就从现在起，朝着你的目标，开始行动吧！

要看清自己，不要看轻自己

如果沉在海底的话，一枚硬币和一枚价值连城的金币是一样的。只有将金币打捞上来，并且去使用它，才能显出它们价值的大小。同样的道理，当你学会激励自己发挥潜能时，你才变得真实而有价值。

绝大多数人不相信他们自己有能力实现愿望，因而他们也从不激励自己，反而是在关键时刻告诉自己："你不行的，还是别做白日梦了"，"我天生就是如此，再努力也没用了"……这些消极的语言不仅使他们丧失了自信，同时也封住了他们的潜能。成功者总是那些拥有积极心态并且善于激励自己的人。

　　卡耐基说过："不能激励自己的人，一定是一个平庸的人，无论他的才能如何出色。"激励是我们生活的驱动力量，它来自一种希望成功的愿望。没有成功，生活中就没有自豪感，在工作和家庭中也就没有快乐与激情。

　　激励的作用是强大的，它能说服和推动你去行动。行动就像生火一样，除非你不断给它加燃料，否则就会熄灭。激励就是行动的燃料，源源不断地为你提供行动的能量。时时用对成功的渴望来激励自己，作为新员工，你就会有足够的动力去战胜困难，到达成功的彼岸。激励的力量是无穷的，它让你有勇气和能力面对一切困境，也足以使你彻底改变自己。

　　有一个名叫亨利·伍德的年轻人，刚开始做推销员。一天他对老板说："我不干啦！"

　　"怎么回事，亨利？"老板问道。

　　"我不是干推销员的料，就这么回事！我总是不成功，我不想再干了。"

　　出乎意料的是，老板对他说："如果我没看错人，你的确是干推销员的好料子。我向你保证，亨利·伍德。现在你马上离开这里，当你晚上回来的时候，你争取到的订单一定比你这一生中任何一天所争取到的还要多。"

亨利看着老板，愕然无声。他的眼睛亮了起来，里面充满了斗志，然后转身离开了老板的办公室。

那天晚上，亨利回来了，脸上充满了胜利的神采，他创下了一生中最佳的纪录——而且从此以后一直如此。

这个故事告诉我们：学会激励自己，自我期望的程度越大，就会取得越大的成就。你认为自己行，你就一定行。

成功的关键就在于你的心中要一直相信自己，同时要不时地激励自己。成功不属于那些妄自菲薄的人。它偏爱那些相信自己并时刻激励自己前行的人。

（1）可以通过各种信息来鼓励你的身心、振奋你的精神。比如，背诵几句格言，或者阅读一些快乐有趣的小故事。当你周围充满鼓舞人心的事物时，就比较容易在事情发展不顺时继续前进并回到工作中。

（2）当你取得一些成就时，或者有进步时，不妨给自己一点奖励，满足自己的小愿望，以此好好鼓励自己。

（3）将你所处行业的最顶尖的人士的照片贴在办公桌或者床头，暗暗立下目标：我一定要做得和他一样出色！

（4）不断地告诉自己，"我可以做得更好"，"我可以让这份工作更具意义"，那么你就能成为更加完美的员工。

（5）起床后就想象今天是完美快乐的一天，那么他是幸运的。对于那些并不很乐观的人，只要坚信这一点，那事情就有可能沿着他的情绪发展。这叫自我暗示。

（6）成功者在做事前，就相信自己能够取得成功，结果真的成功了，这是人的意识在起作用。人最怕的就是自己胡思乱想，自我设置障碍。做任何事，不要在心里制造失败，我们都要想到成功，要想办法把"一定会失败"的消极意念排除掉，增强自信心。

（7）每天只要花5分钟进行3次有意识的、积极的自我暗示。有规律的、积极的自我暗示能够快速改变一个人多年的习惯、态度以及思维方式。

（8）想象自己已经获得成功。成功者经常用这类暗示来提高自己的表现，康复身心和进行技巧的巩固。在上场之前，世界级的跳高运动员就常暗示自己已经跳过了横杆，而顶尖推销员在推销之前则经常想象他已经获得了订单。

即使是影子，也会在黑暗中离开你

人生总会面临困境，要摆脱某种难堪的窘境，很多时候，还得靠自己成全。

有个小孩一直很怕蜘蛛。父亲问他为什么怕蜘蛛，他说："蜘蛛太难看了，所以我怕。"仔细推敲这句话，你会得出这样的结论：蜘蛛太难看了，让我害怕。是蜘蛛的问题，不是我的问题。我是没办法的。

父亲又问："是不是所有人都怕蜘蛛？"

"不是。你就不怕。我有一个同学也不怕。"

父亲再问："同一个蜘蛛，有人怕有人不怕，那么是由谁去决定怕不怕呢？"

儿子想了想，回答："是人去决定的。"

父亲问了最后一个问题："那你有什么决定呢？"

"哦……"儿子的表情舒展开来，"那蜘蛛没什么好怕的了。"

我们在工作中、生活中总会遇到这样那样的"蜘蛛"(困难、挫折)，是恐惧、害怕、厌恶、逃避，还是从容面对，选择决定权在你！因为，你就是你自己的救世主。

1947年，美孚石油公司董事长贝里奇到开普敦巡视工作。一次，在卫生间里，看到一位黑人小伙子正跪在地板上擦水渍，并且每擦一下，就虔诚地叩一下头。贝里奇感到很奇怪，问他为何如此。黑人答，在感谢一位救世主。贝里奇很为自己的下属公司拥有这样的员工感到欣慰，问他为何要感谢那位救世主。黑人说，是救世主帮他找到了这份工作，让他终于有了饭吃。贝里奇笑了，说："我曾遇到一位救世主，他使我成了美孚石油公司的董事长，你愿见一下他吗？"黑人说："我是个孤儿，从小靠教会养大，我很想报答养育过我的人，这位救世主若使我吃饭之后还有余钱，我愿去拜访他。"贝里奇说："你一定知道，南非有一座很有名的山，叫大温特胡克山。据我所知，那上面住着一位救世主，能为人指点迷津，凡是能遇到他的人都会前程似锦。20年前，我来南非登上过那座山，正巧遇到他，并得到他的指点。假如你愿意去拜访，我可以向你的经理说情，准你一个月的假。"

这位年轻的黑人小伙子在30天时间里，一路披荆斩棘，风餐露宿，过草甸，穿森林，历尽艰辛，终于登上了白雪覆盖的大温特胡克山。他在山顶徘徊了一天，除了自己，什么人也没有遇到。黑人小伙子很失望地回来了，他遇到贝里奇后，说的第一句话是："董事长先生，一路我处处留意。直到山顶，除我之外，根本没有什么救世主。"

贝里奇说："你说得很对，除你之外，根本没有什么救世主。"

· 20年后，这位黑人小伙子做了美孚石油公司开普敦分公司的总经理。他的名字叫贾姆纳。2000年，世界经济论坛大会在上海召开，他作为美孚公司的代表参加了大会。在一次记者招待会上，针对他的传奇一生，他说了这么一句话："您发现自己的那一天，就是您遇到救世主的时候。"

所以，当你遭遇困境的时候，不妨想想这句话："这个世界没有什么救世主，除了我们自己。"

你不必努力活得跟别人一样

有一个女人怀孕了，她已经生了八个孩子，其中有三个耳朵聋了，两个眼睛瞎了，一个弱智，而这个女人自己又有梅毒。

当时有许多好心人劝她堕胎，让她不要生下那孩子。可她还是坚持要生下孩子。现在想来，我们真要感谢那位英雄的母亲，她没有听信别人的议论和劝说。那个女人就是贝多芬的母亲，那个怀着的孩子就是贝多芬。由此可见，面对一切，都不能轻易地下结论。

当今社会，纷纭复杂，人言可畏。所以没有主见随波逐流的人，是永远不会取得成就的。要想获得成功，就应该凡事不随大流，要有自己的主见。

巴尔扎克若不坚定自己的作家梦，便不会有《人间喜剧》的诞生；达尔文若不坚持自己的主见，从事生物研究，便不会有进化论的面世……总而言之，没有自己的主见，便不能做自己的主人，更不能成就一番自己的事业。

为人处世要有主见，是众所周知的道理。但真能做到事事均有自己的主见，不为他人言行所左右，却非易事。

苏格拉底的学生曾经向他请教如何才能保持自我。苏格拉底让大家坐下来，他用拇指和中指捏起一个苹果，慢慢地从每个同学的座位旁边走过，一边走一边说："请同学们集中注意力，注意嗅空气中的气味。"

然后，他回到讲台上，把苹果拿起来左右晃了晃，问："有哪位同学闻到了苹果的味道？"

有一位学生举手站起来回答说："我闻到了，这个苹果很香！"

"还有哪位同学闻到了？"苏格拉底又问。

学生们你望望我，我看看你，都不作声。

苏格拉底再次走下讲台，举着苹果，慢慢地从每一个学生的座位旁边走过，边走边叮嘱："请同学们务必集中精力，仔细闻闻空气中的气味。"

回到讲台上，他又问："大家闻到了苹果的气味了吗？"这次，绝大多数学生都举起了手。

稍停了一会儿，苏格拉底第三次走到学生中间，让每位学生都闻一闻苹果，回到讲台后，他再次提问："同学们，大家闻到苹果的香味了吗？"

他的话音刚落，除一位学生外，其他学生全部都举起了手。那位没举手的学生左右看了看，慌忙也举起了手。

看到这种情景，苏格拉底笑着问："大家闻到了什么味儿？"

学生们异口同声地回答："苹果的香味！"

苏格拉底脸上的笑容不见了，他举着苹果缓缓地说："非常遗憾，这是一个假苹果，什么味儿也没有。如果不能坚持自己的看法，是没有办法保持自我的。"

苏格拉底的意思非常明白：说话的人是别人，真正做事的却是你自己，没有主见的人永远没有正确的行动。坚持自己的主见，做一个独立的思想者，做一个激情的梦想者，做一个坚定的信仰者，你可能失去一些东西，但你将得到更多。

你不必为谁压抑，只需对得起自己

　　据说镌刻在古希腊宗教中心戴尔菲阿波罗神庙墙上的唯一一句箴言就是——认识你自己！关于"认识你自己"还有这么一个故事：

　　古希腊的大哲学家柏拉图曾在《斐德诺篇》中描写道：

　　柏拉图的老师苏格拉底在路上碰见斐德诺，就和他走出雅典城门，到伊里苏河边去散步。

　　伊里苏河中碧波荡漾，岸边高大的梧桐树枝叶葱葱，流水的声音和着蝉儿的歌唱，这美不胜收的自然风景令苏格拉底心旷神怡，一旁的斐德诺非常惊奇，他说："这是传说中风神玻瑞阿斯掠走美丽的希腊公主俄瑞提娅的地方，你信不信？"

　　苏格拉底回答道："我没有工夫做这些研究，我现在还不能做到德尔斐神谕所指示的'认识你自己'。一个人还不能认识他自己，就忙着研究一些和他不相干的东西，这在我看来是十分可笑的。"

苏格拉底说得对，一个人只有认识他自己，才能做别的。如果一个人连"自己是谁"或"自己是做什么的、什么样的人"都不清楚，要想有所成就也就无从谈起。

"认识你自己"，这句话备受西方人推崇，影响了西方几千年。的确，人类可以探索神秘的宇宙，认知奇妙的万物，却不能正确地认识自己。要想做一番事业，获得成功，你就应该对自己有清晰的认识，知道自己的优缺点，给自己定好位，"得知道自己是谁"。有一位哲人就说过："准确定位是开创事业的第一步。"

在水生动物中，螃蟹是横着走路的，河虾倒退着走路。它们怪异的行走方式引来了不少嘲笑和讥讽。一天，敏捷矫健的银鱼嘲笑说："螃蟹你真笨！横着走路！如果旁边有障碍物你怎么走啊？"聪明的章鱼也插嘴讥讽道："河虾更傻，向前走多顺啊，可它偏偏倒着走，何时才能到头啊？"螃蟹和河虾听见了，只是淡淡一笑。它们心里知道，选择什么样的行走方式，是根据自己的身体情况决定的。只要有自知之明，了解自己的特点，把握好方向和目标，给自己定好位，横着走或者倒着走，都是一种前进的姿态。

齐庄公乘车出游的时候，在路上看见一只小小的螳螂伸出前臂，准备去阻挡车子的前进，齐庄公不由得非常惊讶。车夫就告诉齐庄公："这种虫子凡是看到对手，就会伸出自己的前臂，想要抵挡对手的进攻，却往往没想过自己的力量有多大，所以经常被车轧死。"

这就是成语"螳臂当车"的由来，以此来比喻那些没有自知之明，不自量力的人。

不自量力，自欺欺人，常常给自己带来危害，有时甚至丢掉性命。相比于可悲的螳螂，历史上许多伟大的人物之所以成功，是由于他们具有可贵的自知之明，在现实世界中找到了属于自己的最佳人生位置，并由此设计和塑造了自己。

巴尔扎克在年轻时办过印刷厂，当过出版商，经营过木材，开采过废弃的银矿，但所有这些都没有取得成功，还弄得自己债台高筑。这不能不说与他缺乏自知之明，不能正确认识自己有关。后来，他终于发现了自己的写作天赋，潜心写书，终于成为一个闻名世界的作家。

认识你自己。要永远记住这句话。因为只有认识了你自己，才会认真反思自己，才能"不以物喜，不以己悲"，采取有效正确的行动，成就你的卓越人生。

原创的你，千万不要活成盗版

一个年轻人对自己久不被重用感到很不解，就慕名去拜访一位很有名的经理，请他指点迷津。经理问年轻人道："你在工作上对自己是如何定位的？"

"我父亲告诉我，做人不能太露锋芒，我认为很有道理。所以在公司里我处处忍让。"年轻人说。

听了他的话，经理没有言语，领着年轻人坐上快艇，然后发动小油门慢慢前行。和他们同时启动的一艘快艇加大马力，似流星般划到他们前面；晚于他们启动的大游船也很快超过了他们，就连一叶双人小扁舟也走在了他们的前面……

一艘大游船赶了上来，船主对他们说："你们的快艇连个小木舟都不如，报废了吧。"

经理扭头笑问年轻人："你说我们的快艇究竟如何？""因为他们不知你没开足马力。"年轻人答道。

"是啊，其实人又何尝不是这样呢？你再有才华，但你不显露，别人不知道，怎么会看重你呢？低调可以，但不能太过了，要学会表现自己。即使你的能力有人知道，但是你畏畏缩缩，人家又怎敢重用你呢？如此，你又怎能快速到达理想的彼岸呢？"

年轻人听了，顿然醒悟，开始在工作中积极表现自己，很快他就被提升为部门经理。

快艇的优势就在于它的速度，如果连速度都掩饰起来，那还能叫快艇吗？所以说，韬光养晦固然有它的优点，但有时候我们更需要学会如何去展现自己，推销自己。

战国的时候，很多有权威的人都供养着一些有才华的人，作为他们的人才库，这些被供养的人叫作食客，也叫门下客，而供养他们的人叫作养士。毛遂就是赵国平原君的食客，在平原君府上已经3年了，一直没有得到重用。

这一年，赵王派平原君出使楚国，请求楚国出兵共同抵御秦国。于是平原君决定挑选20个能人和自己一起去秦国。可是挑来挑去，只挑出了19个，平原君很是发愁。这时候，毛遂请求和平原君一起去楚国。平原君看不起毛遂："你在我这里几年了？"

毛遂回答："3年了。"

平原君继续说道："有才能的人，就像把锥子放在口袋里一样，锥子尖马上会显现出来的，你在我府上3年了，我为何听都没有听说你啊？"

毛遂恳求道："那么，今天就把我放入袋子吧。如果早点进入口袋，我早就刺破口袋脱颖而出，名声在外了！"于是平原君勉强带上了毛遂。

到了楚国后，平原君和带去的19人都没能说服楚王，眼看谈判就进行不下去了，毛遂挺身而出，施展他的口才，终于把楚王说服了。平原君圆满完成了任务，从此重用毛遂。毛遂也就成为我国自我推荐、表现自己的典范。

生活是一连串的推销。我们推销货品，推销一项计划，我们也推销自己。展示自己是一种才华，一种艺术。一个优秀成熟的人，就要懂得在恰当的时候以恰当的方式表现自己，让自己脱颖而出！

第八章

坚持的人继续坚持，坚持不了的人才会说没有意义

ni suowei de jixian,
buguo shi
bieren de qidian

失败，只不过是暂时输了一场比赛

每个人都希望无论何时都站在适合自己的位置，说着该说的话，做着该做的事。但不经过挫折磨炼的人是不可能达到这种境界的，人总要从自己的经历中汲取经验的。所以，做人要输得起。

输不起，是人生最大的失败。

人生犹如战场。我们都知道，战场上的胜利不在于一城一池的得失，而在于谁是最后的胜利者。人生也是如此，成功的人不应只着眼于一两次成败，而是应该不断地朝着成功的目标迈进。当然，一两次的失败确实可能使你血本无归，甚至负债累累。

最要紧的是不应该泄气，而是应该从中吸取教训，用美国股票大亨贺希哈的话讲："不要问我能赢多少，而是问我能输得起多少。"只有输得起的人，才能不怕失败。

当然，我们不一定非要真正经历一次重大的失败，只要我们做好了认识失败的准备，"体验失败"一样能够带来刻骨铭心的教训，而那失败的起点比那些从来没有过失败经历的人要高得多，并且失败越惨痛，起点则越高。

只有惨烈地死过一回的人，才能获得更好的更为成功的新生。

　　贺希哈17岁的时候，开始自己创造事业，他第一次赚大钱，也是第一次得到教训。那时候，他一共只有255美元。在股票的场外市场做一名投资客，不到一年，他便发了第一次财：16.8万美元。他替自己买了第一套像样的衣服，在长岛买了一幢房子。

　　随着第一次世界大战的结束，贺希哈以随着和平而来的大减价，顽固地买下隆雷卡瓦那钢铁公司。结果呢？他说："他们把我剥光了，只留下4000美元给我。"贺希哈最喜欢说这种话，"我犯了很多错，一个人如果说不会犯错，他就是在说谎。但是，我如果不犯错，也就没有办法学乖。"这一次，他学到了教训，"除非你了解内情，否则，绝对不要买大减价的东西。"

　　1942年，他放弃证券的场外交易，去到未列入证券交易所买卖的股票生意。起先，他和别人合资经营，一年之后，他开设了自己的贺希哈证券公司。到了1928年，贺希哈做了股票投资客的经纪人，每个月可赚到25万美元的利润。

　　但是，比他这种赚钱的本事更值得称道的，就是他能够悬崖勒马，遇到不对劲的情况，能悄悄回顾从前的教训。在1929年灿烂的春天，正当他想付50万美元在纽约的证券交易所买股票，不知道什么原因，把他从悬崖边缘拉回来。贺希哈回忆这件事情说："当你知道医生和牙医都停止看病而去做股票投机生意的时候，一切都完了。我能看得出来。大户买进公共事业的股票，又把它们抬高。我害怕了，我在8月全部抛出。"他脱手以后，净得40万美元。

1936年是贺希哈最冒险，也是最赚钱的一年。安大略北方，早在人们淘金发财的那个年代，就成立了一家普莱史顿金矿开采公司。这家公司在一次大火灾中焚毁了全部设备，造成了资金短缺，股票跌到不值5分钱。有一个叫陶格拉斯的地质学家，知道贺希哈是个思维敏捷的人，就把这件事告诉了他。贺希哈听了以后，拿出25000美元做试采计划。不到几个月，黄金掘到了，仅离原来的矿坑25英尺。

普莱史顿股票开始往上爬的时候，海湾街上的大户以为这种股票一定会跌下来，所以纷纷抛出。贺希哈却不断买进，等到他买进普莱史顿大部分股票的时候，这种股票的价格已超过了2马克。

这座金矿，每年毛利达250万美元。贺希哈在他的股票继续上升的时候，把普莱史顿的股票大量卖出，自己留了50万股，这50万股等于他一分钱都没花，白捡来的。

这位手摸到东西便会变成黄金的人，也有他的麻烦。1945年，贺希哈的菲律宾金矿赔了300万美元，这也使他尝到了另一个教训："你到别的国家去闯事业，一定要把一切情况弄清楚。"

20世纪40年代后期，他对铀产生了兴趣，结果证明了比他从前的任何一种事业更吸引他。他研究加拿大寒武纪以前的岩石情况、铀裂变痕迹，也懂得测量放射作用的盖氏计算器。1949年至1954年，他在加拿大巴斯卡湖地区买下了470平方英里蕴藏铀的土地，成为第一家私人资金开采铀矿的公司。不久，他聘请朱宾负责他的矿务技术顾问公司。

这是一个许多人探测过的地区。勘探矿藏的人和地质学家都到这块充满猎物的土地上开采过。大家都注意着盖氏计算器的结果，他们认为只有很少的铀。

朱宾对于这种理论都同意。但是，他注意到了一些看来是无关紧要的"细节"。有一天，他把一块旧的艾戈码矿苗加以试验，看看有没有铀元素。结果，发现稀少得几乎没有。这样，他知道自己已经找到了原因。原因就是，土地表面的雨水、雪和硫矿把这盆地中放射出来的东西不是掩盖住就是冲洗殆尽了。而且，盖氏计算器也曾测量出，这块地底下确实藏有大量的铀。他向十几家矿业公司游说，劝他们做一次钻探。但是，大家都认为这是徒劳的。朱宾就去找贺希哈。

1953年3月6日开始钻探。贺希哈投资了3万美元。结果，在5月间一个星期六的早晨，得到报告说，56块矿样品里，有50块含有铀。

一个人怎样才会成功，这是很难分析的。但是，在贺希哈身上，我们可以分析出一点因素，那就是他自己定的一个简单公式：输得起才赢得起，输得起才是真英雄！

此生辽阔，不必就此束手就擒

衡量力量与勇气不能只看胜利和奖章，更重要的标准是我们克服的困难。真正的强者不一定是取得胜利的人，但一定是面对失败绝不放弃的人。

安德鲁·杰克逊的儿时伙伴们都无法理解他为什么会成为名将，最终还能当上美国总统。他们认识的人当中，许多人比杰克逊更有才能，却一事无成。杰克逊的一位朋友曾说："吉姆·布朗和杰克逊住在一条街上，他不仅比杰克逊聪明，而且摔跤比赛四场能赢杰克逊三场。凭什么杰克逊混得这么好？"

别人问："为什么会有第四场比赛？一般不是三局两胜吗？"

"的确，比赛应该是结束了，但是安德鲁不肯。他从来不肯承认自己输了，一定要赢回来才算完。最后吉姆·布朗没了力气，第四场安德鲁就赢了。"

当你被摔倒在地，你会不会爬起来再战，直到取得胜利？安德鲁拒绝接受失败，正是这不屈不挠的精神造就了他日后的辉煌。

1882年，26岁的考拉尔来到斯特林镇，在一所学校做老师。考拉尔酷爱读书，但他发现，偌大的斯特林镇居然没有一家像样的、专门的书店，书只有在百货商店才能偶尔零星地见到。考拉尔灵机一动，自己为什么不开一家书店呢？这样，既满足了自己读书的需求，赚了钱还可以补贴家用，何乐而不为？

考拉尔把自己的想法跟新婚妻子说了，妻子也非常赞成。于是没多久，考拉尔的名为"思想者"的书店就在斯特林镇开张了。

可是，书店的生意并没有考拉尔想象的那么好。连续几个月，书店几乎没人进来。考拉尔安慰自己，毕竟书店刚开张，生意不好也是正常的，贵在坚持，几个月不行就坚持半年，半年不行就坚持一年，甚至两年，生意总有做起来的时候。即使亏了，反正自己还要买书看，就当是自己藏书了。

抱着这种想法，考拉尔坚持了下来。

可生意还是不景气，书店经常是入不敷出。好在考拉尔和妻子都有一份工作，他们把大部分收入补贴到了书店里。很多人劝他们关门大吉。但这时，考拉尔的思想发生了巨大的转变，从原来单纯的经营，转变为呼吁和彰扬文明而经营。他说："书店是一个城市文明的象征，是人们寻求知识的重要地方，不管书店生意如何，我都要永远开下去！"

考拉尔言出如山，一年又一年，他居然真的坚持了下来，即使在战争时期，在政局动荡时期，"思想者"依然坚持每天开门迎客。

1948年，考拉尔在他的书店里去世，享年92岁。考拉尔的孙子继承了他的书店。考拉尔临终前留下遗言："无论如何，都要把'思想者'开下去。"考拉尔的孙子遵从了祖父的话。好在那时斯特林镇改镇为市，人口越来越多，城镇面积越来越大，书店的生意也还可以养家糊口。

"思想者"的辉煌出现在2004年。这一年斯特林市参加全球50个文明城市的竞选，在激烈的竞争中，斯特林市渐落下风。这时，有人向市长提到了"思想者"，市长眼睛顿时一亮。当他把"百年老书店"的旗号打出去后，斯特林市果然过关斩将，不但入选，而且名次进入前十。

一时间，考拉尔和他的"思想者"名扬四海。来自世界各地的书友、游客以及信函纷至沓来。这时的"思想者"，不但是家大型书店，而且成为一个著名的旅游景点，来这里的人都要买几本盖着"思想者"销售戳的书回去。"思想者"的年销售额已达几百万美元，为考拉尔家族带来了滚滚财富，这还不包括那些一百多年前的全新的库存书，那已经成为收藏家追捧的宝藏。

2006年，考拉尔的曾曾孙接手了"思想者"，他对书店一百多年的经营做了详尽的调查统计。他发现，在考拉尔经营的66年间，赚钱的年份为9年，持平的年份为17年，其余的40年都在亏损。

考拉尔的曾曾孙动情地说："面对这样的经营，不知道有几个人能够坚持。我无法想象我的曾祖是如何度过那段岁月的，就像他绝对没想到今天他的书店会发财。事实上，他只是在一个思想贫瘠的时代为文明而苦苦坚守!"

世上的事情都是如此，只要方向对了，不管其间的经历有多么艰难和不顺，你都要坚持下去。往往，再多一点努力和坚持便可以收获到意想不到的成功。所以无论何时，我们都应该信心百倍地去全力争取人生的幸福和成功，坚持到底，绝不轻言放弃。

如果你想要，那就要等得起

人生可以失去很多东西，却绝不能失去希望。只要心存希望，总有奇迹发生，希望虽然渺茫，但它永存人间。

美国作家欧·亨利在他的小说《最后一片叶子》里讲了个故事：病房里，一个生命垂危的病人从房间里看见窗外的一棵树，在秋风中树叶一片片地掉落下来。病人望着眼前的萧萧落叶，身体也随之每况愈下，一天不如一天。她说："当树叶全部掉光时，我也就要死了。"一位老画家得知后，用彩笔画了一片叶脉青翠的树叶挂在树枝上。最后一片叶子始终没掉下来。

只因为生命中的这片绿，病人竟奇迹般地活了下来。

人生可以失去很多东西，却绝不能失去希望。只要心存希望，总有奇迹发生，希望虽然渺茫，但它永存人间。

所以，当你遇到困境的时候，你一定要相信你自己，给自己希望，这样才能柳暗花明，走出困境。

有两个盲人靠说书弹弦谋生，老者是师傅，幼者是徒弟。徒弟整天唉声叹气，也无法学好手艺。因为眼盲，他甚至常常失去生活的勇气。一天，师傅病了，在临终前，他对徒弟说："我这里有一张复明的药方，我将它封进你的琴槽中，当你弹断1000根琴弦的时候，你才能取出药方。记住，你弹断每一根弦时必须是尽心尽力的；否则，再灵的药方也会失去效用。"徒弟牢记师傅的遗嘱，他一直为实现复明的梦想而弹弦不止。

50年过去了，徒弟已皓发银须，一声脆响，徒弟终于弹断了第1000根琴弦，他直向城中的药铺赶去。当他满怀期望地等着取回草药时，掌柜的告诉他，那是一张白纸。他明白了师傅的用意，他学到了手艺，这就是药方，有了手艺他就有了生存的勇气。他努力地说书弹弦，成了名艺人，受人尊敬。直到95岁高龄时，他才抱着三弦含笑告别人世。

前途比现实重要，希望比现在重要。任何时候，都不应该放弃希望，因为它是创造成功、创造未来的"点金石"。

人生不能没有希望，所以无论我们身陷怎样的逆境，我们都不应该绝望。失望时萌生希望，能驱散心中的浓雾，拥抱一片湛蓝的晴空。让我们带着希望生活，活出一个最好的自己。

只要把希望种在心里，即使一粒最普通的种子，也能长出奇迹！

培植出白色的金盏花非常困难，让专家都望而却步，而一位不懂遗传学的老人却取得了成功。这是为什么呢？且往下看完这个故事。

当年，美国一家报纸曾刊登了一则园艺所重金悬赏征求纯白金盏花的启事，一时引起轰动。高额的奖金让许多人趋之若鹜。但是，在千姿百态的自然界中，金盏花除了金色的就是棕色的，要培植出白色的，不是一件容易的事。所以许多人一阵热血沸腾之后，就把那则启事抛到了九霄云外。

时间一晃就是20年。20年后很平常的一天，当年那家曾刊登启事的园艺所意外地收到了一封热情的应征信和100粒"纯白金盏花"的种子。当天，这件事就不胫而走，引起轩然大波。原来寄种子的是一位年已古稀的老人。对信中言之凿凿能开出纯白金盏花的种子，园艺所一直举棋不定，该不该验证一时成了争论的焦点。有人说，绝不应该辜负了一位老人的心意。那些种子终于得以落土生根。奇迹是在一年之后才出现的，一大片纯白色的金盏花在微风中摇曳生韵。

一直默默无闻的老人因此成了新的焦点。原来，老人是一个地地道道的爱花人。20年前，她偶然看到那则启事，怦然心动。她的决定却遭到她8个儿女的一致反对。毕竟，一个压根儿就不懂种子遗传学的人是很难完成专家都不能完成的事的，她的想法岂不是痴人说梦！但她痴心不改，义无反顾地干了下去。她撒下了一些最普通的种子，精心侍弄。一年之后，金盏花开了。她从那些金色的、棕色的花中挑选了一朵颜色最淡的，任其自然枯萎，以取得最好的种子。次年，她又把它们种下去。然后，再从许多花中挑选出颜色更淡的花的种子栽种……日复一日，年复一年，春种秋收，周而复始，老人的丈夫去世了，儿女远走了，生活中发生了很多的事，但唯有种出白色金盏花的愿望在她的心中牢牢地扎下了根。终于，在20年后的一天，她在园中看到一朵金盏花，是如银如雪的白。一个连专家都解决不了的问题，在一个不懂遗传学的老人手中迎刃而解，这不是奇迹吗？

漫漫人生，难免会遇到荆棘和坎坷，但风雨过后，一定会有美丽的彩虹。所以，任何时候你都要抱乐观的心态，都不要丧失希望。要知道，失败不是生活的全部，挫折只是人生的插曲。虽然机遇总是飘忽不定，但只要你坚持，保持乐观，你就能永远拥有希望。即使一生不如意，但有希望相伴也是幸福。

不是成功速度慢，而是放弃速度快

德国伟大诗人歌德在《浮士德》中说："始终坚持不懈的人，最终必然能够成功。"人生就是意志与智慧的较量，轻言放弃的人注定不是成功的人。

约翰尼·卡许早就有一个梦想——当一名歌手。参军后，他买了自己有生以来的第一把吉他。他开始自学弹吉他，并练习唱歌，他甚至创作了一些歌曲。服役期满后，他开始努力工作以实现当一名歌手的夙愿，可他没能马上成功。没人请他唱歌，就连电台唱片音乐书目广播员的职位他也没能得到。他只得靠挨家挨户推销各种生活用品维持生计，不过他还是坚持练唱。他组织了一个小型的歌唱小组在各个教堂、小镇上巡回演出，为歌迷们演唱。最后，他灌制的一张唱片奠定了他音乐工作的基础。他吸引了两万名以上的歌迷，金钱、荣誉、在全国电视屏幕上露面——所有这一切都属于他了。他对自己深信不疑，这使他获得了成功。

接着，卡许经受了第二次考验。经过几年的巡回演出，他被那些狂热的歌迷拖垮了，晚上须服安眠药才能入睡，而且要吃些"兴奋剂"来维持第二天的精神状态。他沾染上了一些恶习——酗酒、服用催眠镇静药和刺激兴奋性药物。他的恶习日渐严重，以致对自己失去了控制能力。他不是出现在舞台上，而是更多地出现在监狱里。到了1967年，他每天须吃一百多片药。

一天早晨，当他从佐治亚州的一所监狱刑满出狱时，一位行政司法长官对他说："约翰尼·卡许，我今天要把你的钱和麻醉药都还给你，因为你比别人更明白你能充分自由地选择自己想干的事。看，这就是你的钱和药片，你现在就把这些药片扔掉吧，否则，你就去麻醉自己，毁灭自己。你选择吧！"

卡许选择了生活。他又一次对自己的能力做了肯定，深信自己能再次成功。他回到纳什维利，并找到他的私人医生。医生不太相信他，认为他很难改掉服麻醉药的坏毛病，医生告诉他："戒毒瘾比找上帝还难。"他并没有被医生的话吓倒，他知道"上帝"就在他心中，他决心"找到上帝"，尽管这在别人看来几乎不可能。他开始了他的第二次奋斗。他把自己锁在卧室闭门不出，一心一意要根绝毒瘾，为此他忍受了巨大的痛苦，经常做噩梦。后来在回忆这段往事时，他说，他总是觉得昏昏沉沉，好像身体里有许多玻璃球在膨胀，突然一声爆响，只觉得全身布满了玻璃碎片。当时摆在他面前的，一边是麻醉药的引诱，另一边是他奋斗目标的召唤，结果后者占了上风。九个星期以后，他恢复到原来的样子了，睡觉不再做噩梦。他努力实现自己的计划，几个月后，他重返舞台，再次引吭高歌。他不停息地奋斗，终于再一次成为超级歌星。

卡许的成功来源于什么？很简单——坚持。

一个人身处困境之中，不自强永远也不会有出头之日，仅仅一时的自强而不能长期坚持，也不会走上成功之路。因此，坚持不懈地自强，才是扭转命运的根本力量。

你的坚持，终将美好

生活中我们缺少的就是这种坚持，当希望的事情没有实现之后，就放弃了，伤心、失落，甚至抱怨，觉得命运不公平。可是，只有懂得坚持的人，才能赢得事业上的成功。

我们当中的很多人，不仅自己不去为看似不可能实现的事情努力，反而去嘲笑那些为了梦想而努力的人们，觉得他们愚蠢。

或许有一天，当你再次见到那个曾经被你嘲笑过的人时，会突然间发现他已经成了一个非常成功的人。就像《士兵突击》中的许三多，他是一个别人眼中的"三呆子"，他很重视每一次机会，即使在别人眼中他永远是一个笨手笨脚的人，一个在起初连正步都走不好的人，他认为自己不是马而是骡子，所以他加倍努力，做什么都和抓住了救命的稻草一样珍惜，最终他超越了当初嘲笑他的许多人。

生活中有无数的挑战，也有无数次与你擦肩而过的机会，有些人视而不见，而另外一些人却牢牢地抓住了它。有时候一次机会就会造就一个人的命运，很多人空有一身本领，却不懂得如何抓住机会，所以一生"怀才不遇"；而一些人虽然不是"学富五车"，但却总走得比别人远，也并非投机取巧，而是他善于抓住不远处的机会，每一次都不错过。所以我们常常会看到这样的现象，一些人并不是很出色但却能走到高处，做出成绩，而那些"才高八斗"的人却总是失意，这就是因为不懂得运用机会。

不过，机会或时机又是难以察觉和捕捉的，它不会自己跑来敲你的门，也不会大喊大叫把你惊醒。它像不经意间掠过你面前的一阵风，又像一条水中的游鱼，似乎抓住了却又从你手中溜走。机会的确是成功的催化剂，成功人士凭借机会可以更快地达到目标。有一句格言说得好："幸运之神会光顾世界上的每一个人，但如果她发现这个人并没有准备好要迎接她时，她就会从大门里走进来，然后从窗子里飞出去。"台塑董事长王永庆就算得上是一个善于抓住机遇的人。

1980年，美国经济陷入低潮，石化工业普遍不景气，关闭、停产的化工厂比比皆是。经济萧条期间，许多企业家抱着观望的态度，不敢贸然行动，那些濒临倒闭的石化厂虽然亏本出售，却仍无人问津。但是王永庆却发动攻势，以出人意料的低价，买下得克萨斯州休斯敦的一个石化厂。得克萨斯州是美国石油蕴藏量最丰富的一个州，而且油质非常好。王永庆在那儿筹建全世界规模最大的PVC塑胶工厂，年产量48万吨。

王永庆在第二年又以迅雷不及掩耳的速度在美国的路易斯安那州和特拉华州各买下了一个石化厂。1982年，王永庆更以1950万美元买下了美国JM塑胶管公司的8个PVC下游厂。王永庆的这些大胆举动令同行大为不解，他们用疑惑的目光注视着他，议论纷纷。

可王永庆认为：在经济不景气的时候进行投资，收购或建厂的成本比较低，可增加产品的竞争能力；而且，经济景气大都遵循一定的周期规律，有落必有涨，兴建一座现代化工厂约需要一年半到两年时间，在经济不景气时建厂，等到建设结束时，市场又在复苏之中，正好赶上销售良机。

不过经济复苏却花了很长的一段时间，加上收购的工厂出现了一系列问题，例如石化厂机器老化、设备残旧等，让他一年时间亏损了800万美元。不过，这时的王永庆并没有灰心，他通过改制，让工厂的面貌有了彻底改观，生产很快走上了正轨。

经过台塑人的辛勤奋斗，到1983年年底，王永庆在美国的PVC厂每年的产量共计达39万吨，加上台塑原有的55万吨生产能力，合计年产量达到94万吨，台塑企业成了世界上产量最大的PVC制造商。

机会对于我们每一个人来说都是来之不易的，哪怕它是多么微小，都值得一试。只有尝试才会有希望，放弃机会就等于放弃了成功的可能。

成功青睐的，不过是你追求梦想的那一点勇气

随着CPI上涨、房价暴涨、股市暴跌，在我们的心灵深处，总有一种力量使我们茫然不安，让我们无法宁静，这种力量叫浮躁。"浮躁"在字典里解释为"急躁，不沉稳"。浮躁常常表现为：心浮气躁，心神不宁；自寻烦恼，喜怒无常；见异思迁，盲动冒险；患得患失，不安分守己；这山望着那山高，既要鱼也要熊掌；静不下心来，耐不住寂寞，稍不如意就轻言放弃，从来不肯为一件事倾尽全力。

随着经济发展如浪潮般步步攀高，这种浮躁的气息在社会中蔓延，几乎触及了参与其中的每一个人。很多人都想成功，却总

是被成功拒之门外。

有一个人叫小付，他看到有人要将一块木板钉在树上，便走过去管闲事，想要帮那个人一把。小付对那人说："你应该先把木板头子锯掉再钉上去。"于是，小付找来锯子，但没锯两三下又撒手了，想把锯子磨快些。于是他又去找锉刀，接着又发现必须先在锉刀上安一个顺手的手柄。于是，他又去灌木丛中寻找小树，可砍树又得先磨快斧头……

后来人们发现，小付无论学什么都是半途而废。小付从未获得过什么学位，他所受过的教育也始终没有用武之地，但他的祖辈为他留下了一些本钱。他拿出10万元投资办一家煤气厂，可造煤气所需的煤炭价钱昂贵，这使他大为亏本。于是，他以9万元的售价把煤气厂转让出去，开办起煤矿来。可又不走运，因为采矿机械的耗资大得吓人。因此，小付把在矿里拥有的股份变卖成8万元，转入了煤矿机器制造业。从那以后，他便像一个滑冰者，在有关的各种工业部门中滑进滑出，没完没了。

正如小付困惑的那样，为什么自己付出那么多，终究一事无成呢？答案很简单，小付总是这山望着那山高，急于追求更高的目标，而不是在一个既定的目标上下功夫。要知道，摩天大厦也是从打地基开始的。小付这种浮躁的心态只能导致他最后落个两手空空。

很多人在做事情的时候不能静下心来扎扎实实地从基础开始，总是觉得踏踏实实地做事情的方法很笨，于是做什么事情都求快，想以最小的付出获得最大的利益，浮躁的心态让人不会专注地做一件事情，所以也就很难成功。在人生的牌局中，要想赢牌，浮躁就是最大的敌人。

《士兵突击》中，许三多显然是一个"异类"，他不明白做人做事为什么要如此复杂，一切投机取巧、偷奸耍滑的世故做法，他都做不来，或者根本就没有想过。他有的只是本性的憨厚与刻入骨髓的执着。他做每一件小事都像抓住一根救命稻草一样，投入自己所有的能量和智慧，把事情做到最好，他这样做并不是为了得到旁人的赞赏与关注，只是因为这是有意义的。他面对困难从来不说"放弃"，而是默默地承受，慢慢地解决，毫无抱怨，绝不气馁。当一个又一个问题被他以执着的劲头解决之后，他俨然成长成了一个巨人。他不会面对诱惑放弃忠诚，当老A部队的队长向他发出邀请时，许三多用一句"我是钢七连的第4956个兵"做出了态度鲜明的回答。

"许三多"已成为家喻户晓的人物形象，他被定格为一种沉稳、踏实的文化符号，成为"浮躁"的反义词。毛主席曾经教导我们说："世界上怕就怕'认真'二字。"如果我们能安下心来认真做一件事情，就没有做不好的。很多人开始做事情时会满腔热血，但慢慢地这种热情会消退，最后就会被完全放弃。是什么原因让那么多人半途而废呢？是急于求成、不愿直面困难的浮躁心理。很多人好高骛远，总是急于看到事情的结果，而不能忍受事情完成的过程，当他们觉得这些事情没有意义时，便选择了放弃。

　　古往今来，那些成大器者，无不是沉稳、干练、能够耐得住寂寞的人。

　　浮躁是一种情绪，一种并不可取的生活态度。人浮躁了，会终日处在又忙又烦的应急状态中，脾气会暴躁，神经会紧绷，长久下来，会被生活的急流所裹挟。凡成事者，要心存高远，更要脚踏实地，这个道理并不难懂。

　　踏实、沉稳，心平气和、不急不躁，抛开浮躁的心态，从身边的小事做起，脚踏实地地坚持，坚忍不拔地努力，我们才有可能达成人生的目标，走到成功的那一步。

不要轻易动摇，别把未来轻易输掉

　　幸运、成功永远只能属于辛劳的人，有恒心不易变动的人，能坚持到底、绝不轻言放弃的人。耐性与恒心是实现目标过程中不可缺少的条件，是发挥潜能的必要因素。耐性、恒心与追求结合之后，形成了百折不挠的巨大力量。

　　一位青年问著名的小提琴家格拉迪尼："你用了多长时间学琴？"格拉迪尼回答："20年，每天12小时。"

　　我们与大千世界相比，或许微不足道，不为人知，但是我们能够耐心地增长自己的学识和能力，当我们成熟的那一刻、一展所能的那一刻，将会有惊人的成就。正如布尔沃所说的："恒心与忍耐力是征服者的灵魂，它是人类反抗命运、个人反抗世界、灵魂反抗物质的最有力支持。从社会的角度看，考虑到它对种族问题和社会制度的影响，其重要性无论怎样强调也不为过。"

凡事没有耐性，耐不住寂寞，不能持之以恒，正是很多人最后失败的原因。英国诗人布朗宁写道：

实事求是的人要找一件小事做，

找到事情就去做。

空腹高心的人要找一件大事做，

没有找到则身已故。

实事求是的人做了一件又一件，

不久就做一百件。

空腹高心的人一下要做百万件，

结果一件也未实现。

拥有耐力和恒心，虽然不一定能使我们事事成功，但绝不会令我们事事失败。古巴比伦富翁拥有恒久的财富秘诀之一，便是保持足够的耐心，坚定发财的意志，所以他才有能力建设自己的家园。任何成就都来源于持久不懈的努力，要把人生看作一场持久的马拉松。整个过程虽然很漫长、很劳累，但在挥洒汗水的时候，我们已经慢慢接近了成功的终点。半路放弃，我们就必须要找到新的起点，那样我们只会更加迷失，可是如果能坚持原路行进，终点不会弃我们而去。也许，我们每个人的心里都有一个执着的愿望，只是一不小心把它丢失在了时间的蹉跎里，让天下间最容易的事变成了最难的事。然而，天下事最难的不过十分之一，能做成的有十分之九。想要成就大事大业的人，尤其要有恒心来成就它，要以坚忍不拔的毅力、百折不挠的精神、排除纷繁复杂的耐性、坚贞不变的气质，作为涵养恒心的要素，去实现人生的目标。